教育部人文社科青年基金项目资助（16YJC760043）
浙江理工大学学术著作出版资金资助（2018年度）
浙江省浙派园林文旅研究中心重点研究成果
浙江省哲学社会科学青年基金项目资助（19NDQN364YB）
诚邦生态环境股份有限公司科研项目资助

浙派 ZHE PAI YUAN LIN

浙派传统园林研究丛书 丛书主编 陈 波 麻欣瑶

明清杭州园林

麻欣瑶 杨云芳 李秋明 陈 波 著

中国电力出版社
CHINA ELECTRIC POWER PRESS

内 容 提 要

杭州自古是浙江的政治、经济和文化中心，明清杭州园林作为"浙派园林"的重要组成部分，多以自然山水园林的形式呈现，风格古朴自然，体现出"幽、雅、闲"的意境，代表了浙江传统造园的最高水平，是因地制宜造园的典范。

本书从明清杭州园林的发展脉络、外部环境和园林本体着手，对明清杭州园林的相关名人、私家园林、寺观园林、书院园林等逐一进行了深入细致的分析，得出明清杭州园林造园意匠，从而确立这一地区园林在浙派传统园林中的地位和作用，并促进当地园林特色的传承与可持续发展，对现代杭州园林建设有深刻的借鉴意义。

本书可作为园林历史与理论研究者、园林设计师、景观设计师、风景园林相关专业师生及园林爱好者的推荐读物。

图书在版编目（CIP）数据

明清杭州园林 / 麻欣瑶等著 . —北京：中国电力出版社，2020.1
（浙派传统园林研究丛书）
ISBN 978-7-5123-8210-7

Ⅰ . ①明… Ⅱ . ①麻… Ⅲ . ①古典园林－园林艺术－研究－
杭州－明清时代 Ⅳ . ① TU986.625.51

中国版本图书馆 CIP 数据核字（2019）第 275315 号

出版发行：中国电力出版社
地　　址：北京市东城区北京站西街 19 号（邮政编码 100005）
网　　址：http://www.cepp.sgcc.com.cn
责任编辑：曹　巍　（010-63412605）
责任校对：黄　蓓　马　宁
责任印制：杨晓东

印　　刷：北京盛通印刷股份有限公司
版　　次：2020 年 1 月第一版
印　　次：2020 年 1 月北京第一次印刷
开　　本：787mm×1092mm　16 开本
印　　张：13
字　　数：347 千字
定　　价：68.00 元

丛书编辑委员会

原浙江省文化厅厅长、著名剧作家、书法家钱法成先生题字

原杭州市园林文物局局长、中国风景园林学会终身成就奖获得者施奠东先生题字

浙江省逸仙书画院书画师、著名书法家杨军先生题字

丛书总序

浙江，位于中国长江三角洲南端，面临浩瀚的东海。这里气候温和，雨量充沛，土地肥沃，物产丰富。从新石器时代萧山"跨湖桥遗址"的丰富遗迹、遗物，到21世纪初的漫漫7000年间，浙江先民在与自然和社会的变革撞击中，创造了一个个令人震撼的历史辉煌。浙江又是吴越文化的重要发祥地，有着十分丰富和特色鲜明的传统文化。悠久的历史和灿烂的文化，使浙江赢得了"丝绸之府""鱼米之乡""文化之邦"的美誉。

浙江历史悠久，人杰地灵，是中国三大传统园林流派之一——江南传统园林的主要发祥地。浙派传统园林是中国传统园林的重要组成部分，在中国传统园林发展历史上占有举足轻重的地位。在某些特定时期，浙派传统园林营建曾盛极全国，并有相当一批浙派名园对中国各地园林的营建产生过重大影响。

中华人民共和国成立后，特别是改革开放以来，经过几代人的不懈努力与探索实践，浙派新园林传承浙派传统园林造园精髓，不断开拓创新，逐渐发扬光大，并在全国异军突起，遥遥领先；同时，凭借"浙商"勤奋务实的创业精神、敢为人先的思变精神、抱团奋斗的团队精神、恪守承诺的诚信精神和永不满足的创新精神，浙江园林企业积极实践、大胆探索，规划设计与工程建设早已走出浙江、遍及全国，以精湛的工艺赢得了良好的口碑，缔造了浙派园林的卓越品牌地位。

"浙江省浙派园林文旅研究中心"是国内浙派园林领域唯一省级研究机构，隶属于浙江省文化和旅游厅，紧密依托浙江省文化艺术研究院、浙江理工大学建筑工程学院，汇集了文化、园林、旅游等领域的知名专家、学者，形成实力雄厚的研究团体和技术平台。

中心开创性建立"浙派园林"学术体系，主要开展浙派园林相关的文化与旅游战略、政策、理论、技艺、产业等的全面、深入研究和创新性技术的转化落地，立足浙江、面向全国，致力于浙派园林乃至中国园林文化与旅游事业的传承、发展、创新、推广，肩负"传承发展中国园林文化，开拓引领浙韵园林生活"的重任。

中心以"研究学术、传承文化、服务社会"为宗旨，通过建立"政、产、学、研"相结合的开放性协同创新平台，打造"科技研究—应用开发—宣传推广"三位一体的发展格局，力争建设成为国内一流的园林文化与全域旅游研究的学术中心、交流平台、人才基地与社会智库，为"建设美丽中国、创造美好生活"提供科学依据和智力支持。

中心重点围绕浙派园林与现代风景园林规划理论与实践、人居生态环境理论与实践、风景资源评价与利用等方面开展深入研究，同时开展国家公园、风景名胜区、城市绿地系统、城乡各类园林绿地、湿地公园、旅游景区、海绵城市、特色小镇、美丽乡村、农业园区等方面的规划设计与宣传推广，最大限度发挥风景园林的综合功能，为人们创造一个生态健全、环境优美和卫生舒适的宜居环境。

"浙派传统园林研究丛书"是在政产学研通力合作的基础上，由浙江省浙派园林文旅研究中心组织专家倾力撰写而成的，是对历年研究成果的系统总结和凝练。

当前，学界对浙派园林的系统性研究尚未起步，在历史沿革、造园技艺等方面的研究几近空白，地方政府对浙派园林的保护尚缺乏足够认识和政策指导。本丛书希望通过"自下而上"的深入考查和研究，用文献查阅、实地踏勘、测绘、访谈、对比分析等研究方法，探寻浙派园林的兴衰成败、沧桑岁月，发掘其规划布局、造园要素、造园手法，试图回答：浙派园林的内涵与造园意匠、传统技艺的当代价值、传统的保护与传承，以及传统的创新和古为今用等根本性问题。

在建设"美丽中国"的大背景下，如何让"浙派园林"顺势而起，在中国园林史上留下浓墨重彩的一笔，是我们所有浙江园林从业者和浙江园林企业为之共同努力的目标。祝愿浙派园林的风格和艺术不断完善进步，更加发扬光大，开创"浙派园林"新局面，铸就"浙派园林"新辉煌！

浙江省浙派园林文旅研究中心　主任

2019 年 12 月于浙韵居

序

"上有天堂，下有苏杭"。杭州是中国七大古都之一，首批国家历史文化名城和全国重点风景旅游城市，距今 5000 年前的余杭良渚文化被誉为"文明的曙光"，"良渚古城遗址"于 2019 年 7 月 6 日成功列入《世界遗产名录》，成为继西湖、京杭大运河之后，杭州第三处世界文化遗产。自秦设县以来，杭州已有 2200 多年的建城史，五代吴越国和南宋在此定都，促进了杭州城市发展与园林建设。意大利著名旅行家马可·波罗称赞杭州是"世界上最美丽华贵之天城"。

"杭州之有西湖，如人之有眉目。"西湖在杭州城市发展史上具有举足轻重的地位。千百年来，西湖以其秀丽的湖光山色和深厚的人文底蕴，吸引了历代文人墨客，逐渐形成了独特的景观格局。其中最著名的是西湖十景：苏堤春晓、平湖秋月、花港观鱼、柳浪闻莺、三潭印月、双峰插云、曲院风荷、南屏晚钟、断桥残雪、雷峰夕照。西湖的自然和文化景观融为一体，是中华传统美学的典范，是中国的也是世界的宝贵财富。

今天的杭州，城园一体，环境幽雅，生机盎然，先后荣获联合国人居环境奖、中国人居环境奖、国家生态园林城市等殊荣，已成为宜居之城、生活品质之城，在国内外享有盛誉。2016 年 9 月，二十国集团（G20）领导人第十一次峰会在杭州召开；2022 年，第 19 届亚洲运动会将在杭州举行。杭州，已经突破"三面云山一面城"的城市格局，走向"拥江发展"的新时代。秉持"精致和谐、大气开放"城市人文精神，杭州正全力推进各项工作，全面展示灿烂的历史文化、优美的人居环境和良好的精神面貌。

为了介绍杭州独特的历史文化和风景园林风貌，浙江省浙派园林文旅研究中心主持撰写了《浙派传统园林研究丛书——明清杭州园林》一书。本书在"浙派园林"这个框架下，对明清时期杭州园林发展历史、园林人物、造园特色和意匠等方面进行了论述。

阅读全书，我觉得这部书有如下特点：

一是选题新。目前，虽然论述中国传统园林、江南传统园林等方面的著作不少，但对明清杭州园林系统而深入的研究很少，本书的出版正填补了这一空缺。

二是视角新。 本书着眼苏州园林和杭州园林的差异性。二者虽然同属江南园林，但苏州园林以"人工山水园"为主，而杭州园林以"天然山水园"为圭。本书的出版，对进一步凝练杭州园林风格，促进浙派园林的传承创新具有重要意义。

三是内容全。 本书语言精炼，表达流畅，史料充实，可信度高。作者通过对明清杭州园林各方面的深入论述，力求构建以杭州园林为典型代表的浙派园林，便于读者能够全面把握浙派园林的内涵与精髓。

作为同行，我深深地为陈波、麻欣瑶等同志的责任心和使命感所感染，并为他们精心撰写的著作得以付梓而倍感欣慰。我相信，本书乃至本套丛书的出版，一定会为浙派园林事业的发展注入强劲的动力！

是为序。

住房和城乡建设部风景园林专家委员会委员
浙江农林大学风景园林与建筑学院教授、博导
浙江省风景园林学会副理事长
杭州市决策咨询委员会委员
2019 年 7 月 30 日

前　言

　　中国园林历史源远流长，萌芽于先秦时期，后逐步发展，到宋代达到顶盛，明清趋于成熟。杭州，作为南宋的都城，是当时全国政治与文化的交流中心，在上层统治者和文人士大夫的共同推动下，园林建设尤为繁荣。明清时期的杭州是江南地区的核心所在，园林建设承袭南宋之精华，愈加昌盛，数量之多，达到顶峰。正如《江南园林志》中提到："南宋以来，园林之盛，首推四州，即湖、杭、苏、扬也。"

　　杭州自古是浙江的政治、经济和文化中心，明清杭州园林作为"浙派园林"的重要组成部分，多以自然山水园林的形式呈现，风格古朴自然，体现出"幽、雅、闲"的意境，凸显出天人合一的生态观和价值观，代表了浙江传统造园的最高水平，是因地制宜造园的典范，最能体现浙派园林"包容大气、雅致清丽、生态自然、意境深邃"的造园特色。研究明清杭州园林，既是对杭州传统造园研究的深化，也是对"浙派园林"这一理论进行充分论证，使这一园林体系更具有坚实的理论基础。

　　清李斗在《扬州画舫录》中评论："杭州以湖山胜，苏州以市肆胜，扬州以园亭胜，三者鼎峙，不分轩轻。"纵观明清时期的杭州园林，它与苏州、扬州园林多有不同，风景优美的湖山紧挨着杭州城，众多园林因山就水，利用原始地貌，力求园林本身与外部自然环境相契合，园内园外浑然一体。如果说苏州、扬州园林的精华在于人工之中见自然，那么杭州园林则是自然之中缀人工做得更为精妙；如果说苏州、扬州园林大多是内向的，那么杭州园林则是局部外向的，外向的部分即是接纳湖山的部分。

　　然而，杭州、苏州、扬州昔日并称的园林城市，如今苏州、扬州因其丰富的历史遗存而备受瞩目，而同为江南城市的杭州，其园林却远没有苏州、扬州那样受到关注与重视，直接相关的专著和论文也不多见。因此，在弘扬传统文化，体现地方特色的今天，研究明清时期杭州园林已成为当今传统园林研究的迫切需要。

书中从明清杭州园林的发展脉络、外部环境和园林本体着手，重新审视明清时期杭州地区自然人文环境对园林发展的综合作用，建立起明清杭州园林木体研究的立体框架和方法架构，得出明清杭州园林造园意匠，从而确立这一地区园林在中国传统园林中的地位和作用，并促进当地园林特色的传承与可持续发展，对现代杭州园林建设有深刻的借鉴意义，尤其在处理"人与自然关系""地域文化的继承和发扬""生态园林建设"等方面对当代园林具有极为重要的指导价值。

本书是各位作者通力合作的成果，浙江理工大学风景园林专业硕士研究生俞楠欣、朱凌、巫木旺、冯璋斐、陈中铭、邬丛瑜、袁梦、厉泽萍、郑佳雯等同学，为本书的撰写提供了相关素材与帮助。中国电力出版社曹巍编辑为本书的策划、编辑与出版费尽心血。在此，对上述人员一并表示衷心的感谢！

特别感谢风景园林界老前辈、德高望重的施奠东先生为本书提出了很多真知灼见！特别感谢著名园林专家包志毅教授为本书作序！

本书既可作为大专院校园林、风景园林、景观设计、环境艺术设计等专业的教材，也可作为园林景观相关专业学生与教师的培训材料，还可作为关注传统园林的科研人员、设计人员、施工人员及其他爱好者的推荐读物。

由于现存资料的局限性，明清杭州园林的数量无法精确统计，造园手法也不能完全呈现，颇为遗憾。此外，受学识和时间的限制，部分观点也难免有所偏颇，甚至存在错漏，恳请各位专家、读者批评指正。

麻欣瑶

2019 年 12 月

目　录

第 一 章

明清杭州园林研究背景

习近平总书记指出，文化是一个国家、一个民族的灵魂，没有高度的文化自信，没有文化的繁荣兴盛，就没有中华民族的伟大复兴。所以他在党的十九大报告中提出要坚定文化自信，推动社会主义文化繁荣兴盛。

中国园林文化是中国传统文化的精髓，坚定园林文化自信，学习古人造园智慧，从而继承和弘扬中国传统园林文化，古为今用，是当代园林人应有的职责。

"上有天堂，下有苏杭"，杭州园林作为中国园林的杰出代表之一，历史悠久，数量众多，佳苑名园，具见史籍。童寯先生在《江南园林志》中写道："南宋以来，园林之盛，首推四州，即湖、杭、苏、扬也，而以湖州、杭州为尤。"明清杭州园林作为江南园林的重要组成部分，自东晋以来就深受外来文化的影响（如永嘉南渡、安史之乱、靖康南渡），文化多元共生，园林繁盛且源流驳杂，在当地历史、地理、经济、文化等因素的作用下，逐步形成了具有本地文化内涵、地域风格和独特魅力的"地域园林体系"，代表了浙派传统园林的最高水平。深度理解明清杭州园林，可以促进当代人对地域文化的感知，为今后杭州园林的发展提供方向。

第一节 相关概念界定

一、明清时段的划分

明清是指中国古代的明朝和清朝两个朝代的合称，历经 544 年，是中国古代封建社会统治的最后两个朝代。明清时期是中国园林史上的最繁荣时期，它展现了中国风景式园林艺术的最高水平，荟萃了我国园林的精华。

二、杭州范围的界定

杭州是中国六大古都之一，也是国家首次公布的 24 个历史文化名城之一，它以历史悠久、风景秀丽、文化灿烂而著称于世。

2200 多年前，秦始皇统一中国，杭州始设县治，称钱塘县，这是杭城地域第一次见载于史籍。到隋朝时，废钱塘郡，设立杭州，杭州之名第一次出现。每个朝代杭州时有改名，辖治范围亦有变化。到明清时，虽明清易代，但杭州府所辖范围相差无几，府辖范围基本固定。故本书中杭州的研究范围为明清时期杭州府辖治的范围。

1376 年，明太祖设杭州府，为浙江布政使司治所，领钱塘、仁和、海宁、富阳、余杭、临安、於潜、新城、昌化 9 县（图 1-1），杭州府治在钱塘、仁和县。清代杭州府为浙江省领海宁州（乾隆三十八年升海宁县为州）和钱塘、仁和、富阳、余杭、临安、於潜、新城、昌化 8 县（图 1-2），杭州府治在钱塘、仁和。

图 1-1　明代杭州府图

图 1-2　清代杭州府图

经过资料收集整理后发现，明清杭州园林多分布在杭州古城和西湖山水间，其他郊县较少，故本书研究的范围主要以明清杭州城内、钱塘和仁和两县为主，富阳、余杭、临安、於潜、新城、昌化等县为辅。

第二节　杭州自然与人文环境

一、自然环境——湖山环绕的杭州

杭州位于浙江省北部，地势整体西高东低，山林、湖泊和平原地貌相互耦合，造就了特有的离奇、多变的自然环境。杭州古城三面环山，一面临湖——西湖，山、水、城融为一体，构成了独特的"三面云山一面城""乱峰围绕水平铺"的大格局（图1-3），京杭大运河穿城而过，钱塘江水系在城南外自西向东奔腾而去。杭州城内河港交错，是典型的江南水乡。另外，杭州处于亚热带季风气候，冬夏季风交替明显，雨水充沛，温暖的气候和充足的降水给杭州提供了一个植被茂密、绿树成荫、四季飘香的优美生态环境。故西湖群山之中树木资源丰富，植物种类繁多，山泉遍布、怪石嶙峋。清代李斗在《扬州画舫录》中写道："杭州以湖山胜，苏州以市肆胜，扬州以园亭胜，三者鼎峙，小可轩轾。"由此可见，就自然风景而言，湖光山色为杭州园林的营造提供了优良的基底，园林既能借景自然山水，融于其中，又能借助丰富的自然植物资源，在植物配置上独具匠心。

图1-3　乾隆年间（1736—1795）杭州府境图

二、人文环境——大气自然的杭州

作为南宋的都城，杭州的文化在南宋时期到达了顶峰，明清时期延续了繁荣发展的状态。浙派绘画、书法、盆景、古琴等都各具特色、影响深远，阳明"心"学、浙东学派、永嘉学派等百花齐放。其中作为明前中期中国画坛重要的流派——浙派，题材以山水画为主，风格雄健、简远，与擅长用真山真水来丰富园林景观的杭州园林一脉相承，再加上南宋园林风格的影响，明清杭州园林多了份源自自然的朴实（图1-4）。

图1-4　浙派绘画开创者戴进及其代表作《关山旅行图》

此外，杭州直至明清时期还一直深受南宋理学思想的影响。宋代以朱熹、程颐为主导的程朱理学思想提倡"客观唯心主义"，认为理是世界的本质，主张"格物致知"，追求事物的真理（图1-5）。到了明代，王阳明延续了陆九渊"心即是理"的思想，提倡"致良知"，认为理在人心，鼓励人们从自己的内心出发去寻找真理（图1-6）。无论是程朱理学还是王阳明主张的心学，都注重一个"理"字，受这种思想的影响，杭州园林造园者的心境更加豁达，杭州园林的文化氛围也更偏向于理性。

图1-5　程朱理学两位创始人程颐和朱熹

图1-6　心学创始人陆九渊和王阳明

第 二 章

明清前杭州园林史简述

唐太宗曾说过："以铜为镜，可以正衣冠；以古为镜，可以知兴替；以人为镜，可以明得失。"明清杭州园林作为浙派传统园林的最高水平，深受历朝历代杭州本地自然环境、人文历史等的深刻影响，经过曲折的发展，逐渐成为历朝历代杭州园林的集大成者。本章的目的，就是希望通过梳理杭州园林数千年演进的基本脉络，为深入了解明清杭州园林打下坚实的基础。

第一节　南北朝及以前

杭州园林最早可以追溯到新石器时代，据考古发现，五千年前的余杭良渚文化祭坛，已经具备了原始状态的高台形式。自良渚后，杭州陷入沉寂，园林似乎失去了记载。直到秦朝，秦始皇统一中国，杭州始设县治，称钱塘县，这也是杭城地域第一次见于史籍，与钱塘几乎同时设县的还有余杭县。据《史记》记载："浮江下，观籍柯，渡海渚。过丹阳，至钱唐，临浙江，水波恶，乃西百二十里，从狭中渡。"当时的钱塘江还称为浙江，由此猜测，钱塘设县时，当时西湖并没有形成，还是与江海连成一片，杭州古城所在仍是波涛汹涌之处。当时的钱塘县大约在今西湖以西，北至岳庙到灵隐一带，其地三面皆山，是一个不足称道的山中小县。

由于钱塘东面靠山面海，百姓时常受到海水侵袭，于是有地方官员修筑海塘以防潮水。郦道元《水经注》记载："防海大塘在县东一里许，郡议曹华信家议立此塘，以防海水。始开募，有能致一斛土者，即与钱一千。旬日之间，来者云集。塘未成而不复取，于是载土石者皆弃而去，塘以之成，故改名钱塘焉。"即东汉时，钱塘郡议曹华信从宝石山至万松岭修筑了一条海塘，西湖开始与海隔断，成为淡水湖，至此，翻开了杭州"湖山秀美，号称东南形胜"的篇章。

魏晋南北朝时期佛教盛行，钱塘县的佛寺数目也颇为可观。东晋咸和三年，印度僧人慧理在杭州西湖飞来峰下创建灵隐寺，拉开了西湖山水间园林营建的序幕，此后人们频繁地在西湖山水间开展园林营造活动。东晋咸和五年，慧理创建翻经院，即下天竺寺。据《灵隐寺志》记载，慧理"连建五刹，灵鹫、灵山、灵

明清杭州园林

6

峰等或废或更"，故而当初慧理到底建有几座寺院、寺名如何、兴废如何，已不可考。但慧理来杭弘扬佛法，是杭州园林史上开天辟地的一件大事。到南北朝时期，杭州的佛教有了进一步发展。天真寺、净空寺、众安寺、建国寺、孤山寺……数量之多，不胜枚举。据《西湖游览志余》记载，唐朝之前，魏晋南北朝时期，杭州内外及湖山之间，大约有360所寺庙，从那时保留至今的寺庙有灵隐寺、法镜寺、永福寺等。

第二节　隋唐至北宋

589年，隋朝结束了东晋以来200多年的分裂局面，统一中国后，实行州县制，废钱塘郡，设杭州，辖钱塘、余杭、富阳、盐官四县，州治设在余杭。杭州的政治地位由此提升，杭州之名也初次亮相。到开皇十一年，杨素发动居民，依凤凰山筑城。其墙垣东临盐河桥，西濒西湖，南达凤凰山，北抵钱塘门。大业六年，从镇江到余杭的江南运河凿通，杭州成为京杭大运河的南方终点，这为杭州园林的发展奠定了经济基础，使杭州逐渐成为"川泽沃衍，有海陆之饶，珍异所聚，故商贾并凑"的大城市。隋朝虽短暂，但为杭州成为东南名郡奠定了基础。

杭州的繁荣始于唐朝，在贞观年间就出现了"灯火家家市，笙歌处处楼"的繁荣景象，中唐之后又以"东南名郡"见称于世，人口急剧增长，城区不断扩张，城市经济和文化不断发展。当时的杭州园林名胜已具规模。公共大园林方面，唐代造园大师、园林理论家白居易出任杭州刺史，浚湖筑堤，把西湖分成里湖和外湖，并写下大量吟咏西湖风光的诗篇，对杭州园林发展影响深远，成就了杭州这座"绕郭荷花三十里，拂城松树一千株"的风景名城。白居易《春题湖上》："湖上春来似画图，乱峰围绕水平铺。松排山面千重翠，月点波心一颗珠。"最能表达当时西湖的景致、风貌。唐代统治者奉行儒释道三教并重，杭州的灵山秀水又吸引许多高僧来修建寺宇，故那时杭州的寺观园林兴盛远超前朝。唐代的杭州不仅保留了如灵隐、天竺等古刹，还新建了不少佛寺。私家园林方面，白居易曾经在孤山构筑他的别墅——竹阁，使得在山水如画的西湖边营造私家园林成为后世杭州园林的发展趋势。

五代十国时期，中国社会动荡、兵革时兴，南方更是十国割据。但南方的吴越国，由于历代君王都采取"保境安民""网罗人才"等国策，实施兴修农田水利、奖励生产、发展海上贸易等利于民生的政策，使得国境太平、社会安定。杭州作为吴越国的首府，是全国经济繁荣和文化荟萃之地。经过钱氏苦心经营，杭州成为东南第一大都会。西湖在唐末时由于战乱频繁，疏于治理，有人向吴越王建议"王若改旧为新，有国止及百年。如填筑西湖，以建府治，垂祚当十倍于此"。然吴越王钱镠不采纳，设"撩湖兵"负责西湖的整治和疏浚工作，定期挖掘淤泥、芟除葑草、修建水闸、植树造林，美化了西湖及周边环境。这是继白居易后，对西湖的又一次大规模治理。寺观园林方面，历代吴越国王以"信佛顺天"为宗旨，大力提倡佛教，故寺院林立，宝塔遍布，梵音不绝，当时的杭州赢得了"东南佛国"

之美誉。据现存文献统计，除去当时修建、重建的寺庙之外，吴越时期新建的寺庙达 300 多座，如昭庆寺、净慈寺、云栖寺、韬光寺、法相寺、理安寺等。吴越时所建的佛塔，存留到今的还有近 10 座。正如《西湖志·寺观》中提到，五代吴越时，杭州已"寺观林立，宝塔遍布，梵音不绝，钟磬相续"。与寺观园林之盛相反的是，当时杭州的皇家、私家园林，见载于史籍、笔记、散说等甚少。仅有涌金门外的吴越王钱镠故苑西苑、嘉会门外的忠献王钱弘佐故苑瑞萼园、钱塘门外的钱惟演别墅等。

从吴越到北宋，因为钱俶纳土归宋，杭州没有经历战争的劫难，依旧保持着繁华与富庶，甚至超过了苏州和越州（今绍兴），成为当时中国的第一等城市。但钱氏归宋，撩湖兵被撤，西湖又遭堰塞，湖面一半为僧民所占，湖水逐渐干涸。1017 年至 1073 年期间，当地官员虽有疏浚西湖，但规模都不大，且都是为了解决农田灌溉、市民用水等而采取的临时措施。元祐四年，当时的杭州知州苏轼见西湖被塞，湖上葑田约二十五万丈，加之漕河失利，江河行船不通，决定大力疏浚西湖，并考虑到从湖南岸到北岸，需绕行 30 余里，沿湖来往很不方便，故用葑草、淤泥堆筑一条南北长堤，堤上两旁种植花木，这条"西湖景致六条桥，间株杨柳间株桃"的长堤极大地改变了西湖的景观格局，成为西湖风景的代表。后人称这条长堤为苏堤，以铭记苏轼治湖功绩。苏轼还在西湖中立了三座石塔，并严禁在石塔周边种植菱藕，这便是"三潭印月"的前身。这次大治，使西湖重现秀美景致，并为南宋"西湖十景"的诞生奠定了基础。

第三节　南宋

1138 年，宋室南渡，南宋定都临安（今杭州），社会各阶层人群纷纷南下，南方文明与中原文明再次发生了极大的碰撞与融合，临安府一跃成为全国第一大都市。北宋的造园思想和造园技艺也随之融汇于杭州，这一时期杭州大兴土木，皇家园林、公共园林、寺观园林、私家园林都数量剧增，杭州园林得到了极大的发展。

皇家园林方面，定都临安后，宋高宗赵构在凤凰山利用自然山水和地形建造大内宫殿、御园，而且在南北两山、京城内外辟了多处皇家园林。其中西湖之南有聚景、真珠、南屏，北有集芳、延祥、玉壶，天竺山中有下竺御园，城南有玉津园，城东有富景园、五柳园，其中清波门外的聚景园规模最大（图 2-1）。

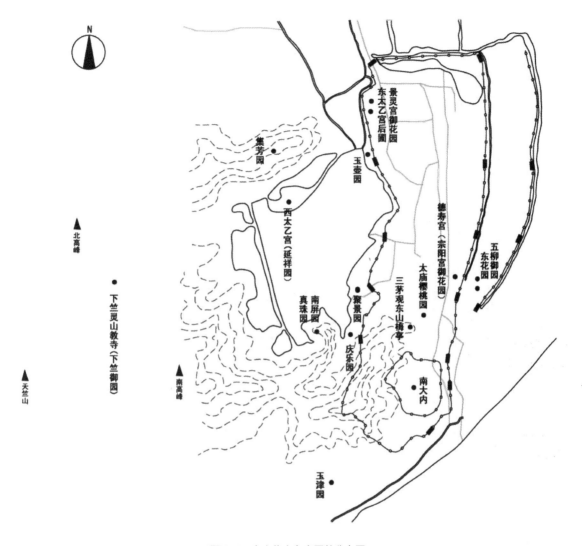

图 2-1 南宋临安皇家园林分布图

公共园林方面，南宋官员对西湖进行了多次疏浚，杭州人民将建筑和园林融入湖光山色之中，西湖经过巧手打扮，变得愈加美丽。这秀美的西湖又激发了一代代文人画家进行创作，咏之于诗，绘之于画，尽情地发掘西湖之美。理宗以后，皇家画院的画师们总结前人描绘的西湖美景，从中选出具有代表性的景观加以渲染，从因景作画到因画题景，形成了驰名中外的"西湖十景"（图 2-2）。

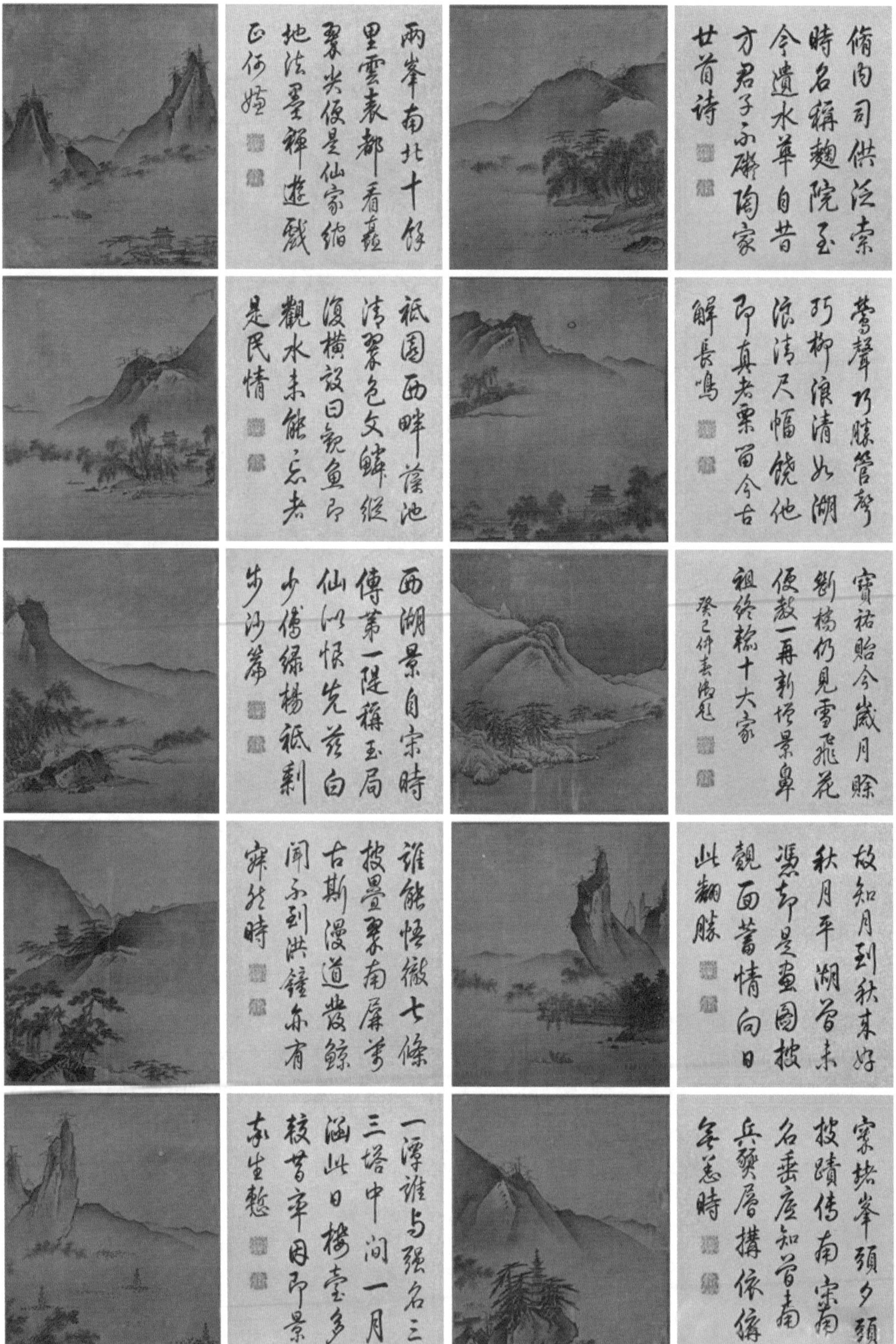

图2-2　《西湖十景图册》，南宋叶肖岩绘

寺观园林方面，这一时期梵宫佛刹在杭州湖山之间随处可见，佛教寺院从北宋时的300多所增至480余所。《梦粱录》中记载南宋佛寺至少有480座，"城内寺院，如自七宝山开宝仁王寺以下，大小寺院五十有七，倚郭尼寺，自妙净、福全、慈光、地藏寺以下，三十有一；又两赤县大小梵宫，自景德灵隐禅寺、三天竺、演福上下、圆觉、净慈、光孝、报恩禅寺以下，寺院凡三百八十有五……都城内外庵舍，自保宁庵之次，共一十有三。"其中径山寺、灵隐寺、净慈寺皆名列禅院五山之列，中天竺是禅院十刹之一，上天竺、下天竺是教寺五山之首。另外，由于高宗赵构崇奉道教，杭州道观随之兴盛，绍兴年间就建有万寿、东太乙、显应、四圣延祥和三茅宁寿等五座宫观。其后孝宗、理宗、宁宗和度宗都有建造宫观，这些宫观数量虽然不及佛寺，但地位却高于佛寺，形成了南宋皇家"十大宫观"（表2-1）。除十大宫观外，另有寺观园林20余处，在西湖群山、城区内均有分布（图2-3）。

表2-1 十大宫观一览表

序 号	名 称	地 址	建成年代
1	东太乙宫	新庄桥南	绍兴十七年
2	西太乙宫	孤山南麓，四圣延祥观改	淳祐十二年
3	佑圣观	端礼坊西，孝宗旧居	淳熙三年
4	开元宫	后市街南端，宁宗旧居	嘉泰元年
5	龙翔宫	后市街，理宗旧居	淳祐四年
6	宗阳宫	三圣庙桥东	咸淳四年
7	四圣延祥观	孤山南麓	绍兴十四年
8	三茅宁寿观	七宝山东北处	绍兴二十年
9	显应观	丰豫门外	绍兴十八年
10	万寿观	新庄桥西	绍兴十七年

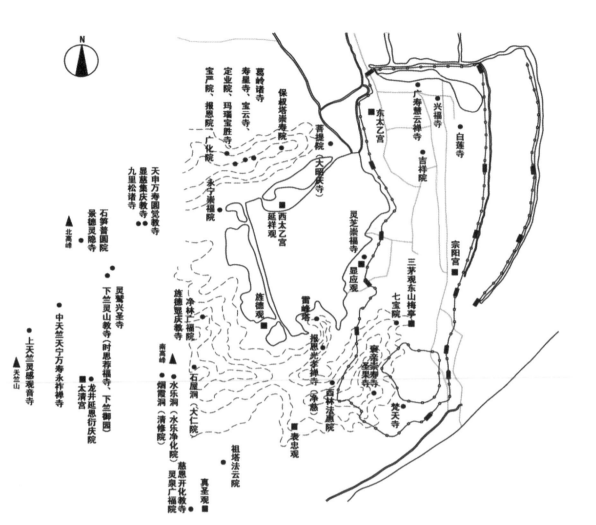

图 2-3　南宋临安寺观园林分布图

　　而私家园林，据《梦粱录》记载："西林桥即里西湖内，俱是贵官园圃，凉堂
画阁，高台危榭，花木奇秀，灿然可观……里湖内诸内侍园圃楼台森然，亭馆花木，
艳色夺锦。"《江南园林志》里也说："宋南渡后，湖山歌舞，粉饰太平，三秋桂子，
十里荷花，杭州蔚为园林中心。除聚景、真珠、南屏、集芳、延祥、玉壶诸御园
外，私家园亭，为世所称者，据《湖山胜概》所载，不下四十家。"而零零散散
见载于各种文献的私家园林更是多达百处，这些私家园林大多分布在西湖山水间
（图 2-4）。其中以城北张功甫园、葛岭贾似道后乐园和韩侂胄南园最为著名。

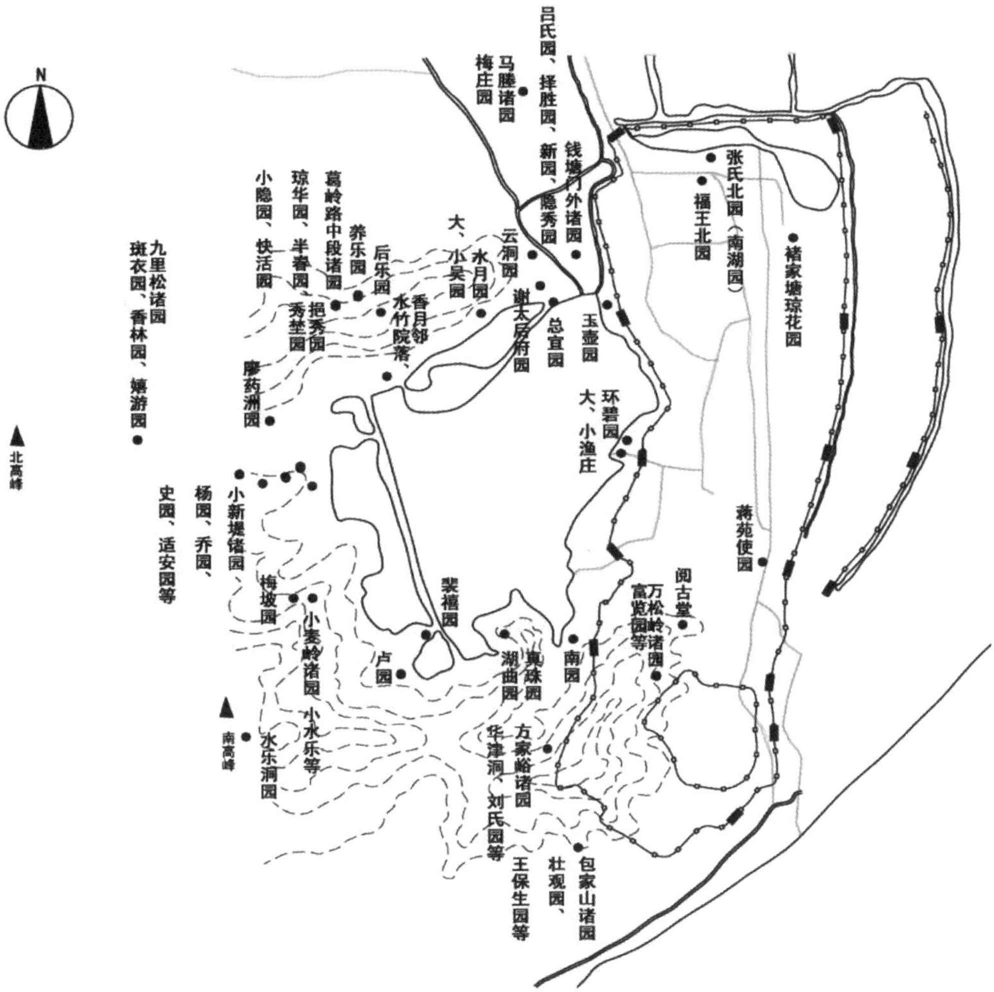

图 2-4　南宋临安私家园林分布图

第四节　元朝

　　1271 年,元朝灭金、南宋后统一全中国,定都大都(今北京),改临安府为杭州府,下辖 8 县 1 州。元朝入侵杭州后,杭州大内园林被大火烧毁,延祥园改为帝师祠,不少园林也变为寺庙。到清代时即便有园林尚存,也只是一二小屋颓舍而已。盛极一时的南宋,造像艺术是我国南方石刻造像的艺术瑰宝,其数量之多、雕刻之精美、保存之完好,为全国所罕有。这些石刻造像,主要集中于灵隐飞来峰一带,基本属于摩崖龛像 (图 2-5),如飞来峰上的大弥勒佛造像。私家园林方面,有张雨的茵阁、张天英的梅隐、杨禹的竹西山居、仙姑山的鲜于枢庐、贯云石的龙华山别业等,数量不多,且多分布于西湖周边。

图 2-5　精美的飞来峰石刻造像

第五节　小结

汉魏以来，远道而来的佛教传播者，也都看中杭州这块人间圣地，在山水间开山凿洞，修庵建寺，弘扬佛法，从而揭开了杭州佛教发展的新篇章，也开始了璀璨的杭州园林文化。到吴越时，杭州园林已经初具规模，但以寺观园林为主，灵隐、天竺一带松峦叠翠，林樾幽古，寺观园林多集中于此，可以说寺观园林奠定了杭州园林的发展基础，也为后世杭州园林的发展提供了强劲的动力。南宋时期，杭州既是当时全国的政治、经济和文化中心，又有三面环山一面湖的湖山胜境，为园林营造提供了优越的条件。如果说之前杭州园林是以寺观园林为盛，南宋时期的杭州园林已然是皇家园林、寺观园林、私家园林三足鼎立，争西湖山水之胜的局面，尤其是私家园林，在数量和质量上都有了长足发展。这些私家园林既凭借湖山之秀色，又点缀湖山之画意，正如吴自牧在《梦粱录》中点评道："杭州苑囿，俯瞰西湖，高挹两峰，亭馆台榭，藏歌贮舞。四时之景不同，而乐亦无穷矣。"

第三章

明清杭州园林发展史

园林作为一门艺术，是社会发展到一定阶段的产物，并随着社会的发展而呈现出动态的变化。明清时期，杭州的政治、经济、人文状况都影响着杭州园林的发展。结合这一时期杭州所发生的历史大事件，可将明清杭州园林发展分为五个阶段：低谷期（洪武时期）、回升期（建文至正德时期）、成熟期（嘉靖至崇祯时期）、成熟后期（顺治至嘉庆时期）和衰落期（道光至宣统时期）。

第一节 低谷期（洪武时期）

明朝建立之初，正值元末阶级矛盾激化，农民起义风起云涌之时，杭州园林遭到严重破坏，不少园林夷为废墟，百废待兴；又受新朝文化政策和建筑制度的约束，园林艺术与园林营造活动一度陷于低迷状态，园林发展迟滞。

一、严峻的政治环境

1. 战争的打击

杭州在元末曾是张士诚的势力范围。至正十九年冬，明太祖令常遇春率师攻杭州，此时的杭州"城门既闭，米旋尽，糟糠与米价等。既而糟糠亦尽，以油车糠饼捣屑啖之，饿死者十六七，有合家连袂接臂共沉于水者"。到来年三月，"遇春以战数不利，被召归"。围城之困得解，"然又大半病疫死，杭人遭难之惨，前此所未有"。至正二十六年秋，朱元璋再遣其浙东行省右丞朱文忠统兵取杭州，大军未至，杭州守将潘原明惧而降。因兵祸病疫之灾，明初杭州城市人口急剧下降，不及南宋末年的一半，也失去了当初的繁华。园林是一项耗费人力、物力的活动，刚经历战争的杭州首要之急是恢复经济，故明朝前期，杭州地区的造园活动并没有太大的发展。

2. 杭州行政地位下降

杭州在唐宋之际便有"东南第一州"的称号。南宋定都杭州，杭州由"东南第一州"升为"全国第一州"，成为全国的经济、政治、文化中心，"西湖为贾区，山僧多市人"就是当时商品经济繁荣的写照。南宋灭亡后，元朝设江浙行省，省境辖有今浙江、福建全省，江苏、安徽的江南部分，江西的湖东部分，杭州为其省会。故杭州在政治上失了国都的优势，退而为"东南第一州"。但《马可·波罗游记》中仍以"天城"称杭州，赞美它为"世界上最美丽华贵之城"，说明元朝时杭州的实力仍不容小觑。可惜后因杭州城内外运河"年久失浚，填为沟渠"，造成"商旅因而裹足，百物因而翔涌……城南商业，因而日就萧条"。明朝时设浙江承宣布政使司，政治区域几乎等同于现今的浙江省，杭州虽为其省会，但省辖境已是大为减缩。清朝时设浙江省，杭州依旧为其省会，辖境几乎与明时相同。由此观之，杭州的政治地位自南宋灭亡后逐渐下降，直到明清时期才无变动，这对杭州的经济、文化实力造成了直接影响，从而间接影响了杭州造园的发展。

3. 朱元璋的造园禁令

园林的发展有诸多影响因素，但是这一时期对园林发展最大最直接的影响是明太祖朱元璋的造园禁令。《明太祖实录》里有记载，朱元璋曾说过："至于台榭苑囿之作，劳民财以为游观之乐，朕决不为之。"其他文献也有相似的记载，如在《谕幼儒救》一篇中有朱元璋对柳宗元赞美构亭的严厉批评："夫土木之工兴也，非劳人而弗成，既成而无益于民，是害民也。柳子之文略不规谏其兄，使问民瘼之何如，却乃咏亭之美……又于民何有之哉？何利之哉？其于柳子之文，见马退山之茅亭，是为无益也。其幼儒无知，空逾日月，甚谓不可。戒之哉！戒之哉！"朱元璋是农民出身，而且自身文化程度不高，并不欣赏以游乐观赏为目的的园林文化，故在他夺取政权后，更注重的是采取措施促进生产，恢复经济。上层统治者这"园林兴造于民无利"的想法直接压制了园林兴造活动，使得这一时期的园林活动较为沉寂。

4. 严格的等级制度

明朝建立后，朱元璋在全国范围内实行强权统治，集权民主，强化传统礼制。《明史·舆服志》里记载，在洪武二十八年有定制，官员建造屋舍"不许歇山转角，重檐重拱，及绘藻井，惟楼居重檐不禁""更不许于宅前后左右多占地，构亭馆，开池塘，以资游眺"；对于平民则是"庶民庐舍，洪武二十六年定制，不过三间，五架，不许用斗栱，饰彩色"。这个定制对上至王公大臣，下至平民百姓的房舍、车舆、器用、服饰等级均做了明文规定。对越级营建房舍者，《大明律》有相应的条款惩罚："凡官民房舍车服器物之类，各有等第。若违式僭用，有官者杖一百，罢职不叙。无官者，笞五十，罪坐家长，工匠并笞五十。"在政府的强权约束下，明朝初年杭州的屋舍一直恪守制度，保持着朴实无华的风气，园林营造活动更是少有。

二、萎靡的经济状况

明朝建立后，朱元璋对江南地区实行严苛的重赋和移民政策，作为江南重要城市之一的杭州，深受这些政策的影响。《明史·食货志一》记载："明初，尝徙苏、松、嘉、湖、杭民之无田者四千馀户，往耕临濠，给牛、种、车、粮，以资遣之，三年不征其税。……复徙江南民十四万于凤阳……又徙直隶、浙江民二万户于京师，充仓脚夫……尝命户部籍浙江等九布政司、应天十八府州富民万四千三百余户，以次召见，徙其家以实京师，谓之富户。"朱元璋平定苏州和杭嘉湖地区之后，多次令这些地方的大批富户迁往国都和他的故乡凤阳，这一政策将杭州的劳动力和富户都移到他处，对于杭州的发展是一重击。另一方面，"惟苏、松、嘉、湖，怒其为张士诚守，乃籍诸豪族及富民田以为官田，按私租簿为税额。而司农卿杨宪又以浙西地膏腴，增其赋，亩加二倍。故浙西官、民田视他方倍蓰，亩税有二三石者。大抵苏最重，松、嘉、湖次之，常、杭又次之"。重赋给杭州带来的是再一次打击。虽说稳定的局面有利于一个城市恢复，但杭州在双重打击下，经济处于萎靡，不能保持其东南第一州的地位。如此萎靡的经济极大地限制了杭州园林的发展。

三、严酷的思想统治

1. 待文人以高压政策

明初朱元璋对待士人的严酷非常出名，出台了逼仕、思想控制、薄薪等高压控制政策。根据赵翼《廿二史札记》所说："明初士人多不仕"，但事与愿违，朝廷通令："率土之滨，莫非王臣，成说其来远矣。寰中士大夫不为君用，是外其教者，诛其身而没其家，不为之过。"陆容的《菽园杂记》也有记载，永乐年间预修过《永乐大典》的太仓兴福寺和尚惠暕曾说："洪武间，秀才做官，吃多少辛苦，受多少惊怕，与朝廷出多少心力？到头来，小有过犯，轻则充军，重则刑戮，善终者十二三耳。其时士大夫无负国家，国家负天下士大夫多矣。"在逼仕的同时，朱元璋还提倡程朱理学，实行八股文取士制度，对文人实行严格的文化思想控制。在这一系列的高压政策下，文人们日子过得战战兢兢、如履薄冰，导致明开国后思想文化领域比较沉寂。文人从仕后，各级官员薪水微薄，据现有研究表明，明代官员的薪水低到让官员们无法正常生活的程度。园林的发展与文人息息相关，这一时期文人朝不保夕，无心且无力构园。

2. 浙派绘画的兴起

元代时，宽松的政治环境使得当时流行尚心意、重逸趣的自由画风，这种画风一直延续到明初。但明代开国皇帝朱元璋认为这一画风不利于实行专制统治。所以他打着"反元复宋"的旗号，极力遏制这种画风的蔓延，甚至还杀了不少画家。因此画家们为了生存，只好竭尽心力迎合上意。故而从宫廷画家开始，逐渐兴起南宋院体之风。杭州作为南宋的都城，也是南宋院体画风的发源地，于是大批浙江画家得此机会进入宫廷，这些画家在明朝中前期得到发展和升华，最后自成一派，即浙派绘画。但由于政治因素的限制，这一时期浙派绘画对园林的发展促进作用有限，但对于后期杭州园林风格的形成起到了一定的影响。

四、园林营造活动

在政治、经济、文化等因素接二连三的打击下，明初杭州园林不可避免地到达造园低谷阶段，尤其是西湖这个大公共园林。据成化《杭州府志》记载："明初，西湖仍元之旧。西湖以山为岸者，去山日远。六桥之西悉为池田桑埂，里湖西岸亦然。中仅一港通酒船耳。孤山路南，东至城下，直抵雷峰塔，迤西皆然。"表明明初西湖的淤塞并未受到地方官员的重视。由于政府疏于对西湖的管理和规划，明初的西湖荒湮严重，沿边侵为茭荡，湖西一带葑草蔓烟，虽有"好事者疏之"，也仅通舟楫；苏堤以东浩渺的外湖也是萦流若带，难行舟船。甚至有豪门权府乘时抢夺，或占湖为田，或填湖筑屋，有民谣说："十里湖光十里葑，编葑都是富豪家。待他享尽功名后，只见湖光不见葑。"这是当时西湖的真实写照，此时的西湖已经失去了唐宋时优美的景致。

寺观园林方面，虽然朱元璋推崇佛教，但当时杭州在史籍中有记载的新建佛寺很少，唯有下天真寺。一些寺观在明之前已有修葺，如洪武十一年净慈寺集资葺殿治钟，栽竹植松，使寺宇为之一新。又如灵隐寺，洪武十七年住持慧明重建了觉皇殿。而新建的道观或祭祀性祠庙倒是比新建寺院多，约有 4 座，不过这些新建寺观园林于今并不出名。

虽然这一时期杭州园林发展受到影响，但古籍中仍记载有小部分私家园林。清代厉鹗《东城杂记》记载当时杭州城中的私家园林有兰菊草堂、西岭草堂等。兰菊草堂由钱塘徐子贞筑于东城隅，独莳兰与菊；西岭草堂由钱塘泯上人筑于杭州城东，构屋四楹，限以周垣，与竹树会，清芬可挹。另一方面，西湖山水间的私家园林有藕花居、冷起敬隐居和泉石山房等。藕花居在雷峰下湖滨，洪武中净慈寺僧广衍建之，广衍以博学征修大典，归老于此；冷起敬筑居于吴山隐之。泉石山房亦筑于吴山佳处，乃士人郝思道居所，由于山房崇石于庭，洒泉及溜，效仿晋人枕石漱流，故取名"泉石山房"。由此观之，这一时期的私家园林见载数量不多且规模不大，多为官员、士人居所，作隐居之用。

第二节　回升期（建文至正德时期）

自永乐后，社会稳定，国力逐渐强盛，杭州的政治、经济、文化也得到恢复和改善。伴随着朝廷大规模兴造宫殿，杭州的园林营造活动也呈现回升的趋势。

一、逐渐宽松的政治环境

朱允炆继位后，与朱元璋的严政苛刑不同，他宽仁尚德，不仅下诏消减江、浙一带田赋："国家有惟正之供，江、浙赋独重，而苏、松官田悉准私税，用惩一时，岂可为定则。今悉与减免，亩毋逾一斗。"还修改律法："遍考礼经，参之历朝刑法，改定洪武《律》畸重者七十三条……释黥军及囚徒还乡里。"其革新"惠民之大""天下莫不颂德焉"。后来朱棣入主南京后谕令"建文中更改成法，一复旧制"，但是《禁缮令》的开始松弛，却在永乐年间，源自于朱棣迁都北京后兴建宫殿。虽然朱棣在政策上执行洪武的制度，但仁宗、宣宗等都继承了朱允炆宽仁尚德的思想，创造了"仁宣之治"的盛世局面。到英宗时，据记载屋舍等级制度"正统十二年令稍变通之，庶民房屋架多而间少者，不在禁限"。逐渐宽松的政治环境为杭州园林的发展带来了契机，使得杭州园林的数量得到回升。

二、经济得以复苏

明朝建立以后，社会相对稳定，政府采取了一系列有利于恢复和发展社会生产的积极措施，奖励垦荒，移民屯田，兴修水利。因此，成化年间以后杭州逐渐从元末大乱、经济凋敝的境况中复苏。丝绸业、棉麻纺织业、印刷业、造船业、造纸业等手工业和商业贸易以及航运业都有较大的发展。另一方面，永乐年间，大运河全面恢复使用，得交通之便，运河周边城市逐渐发展起来。此外明初朱元璋的《禁海令》限制了杭州海上贸易，而后朱棣派郑和下西洋，带动了海外贸易的繁荣，促进了经济的发展。杭州作为运河沿线城市之一，又靠海，有着得天独厚的优势。经济的繁荣促使杭州造园活动复苏。

三、程朱理学的统治与浙派绘画的盛行

1. 程朱理学钳制文人思想

朱元璋认为元代不重礼法，故导致元朝历百年而亡，遂在开国之时颇重礼法，宣扬程朱理学。不过在洪武时并未规定科举必须以程朱理学为宗。到永乐十二年明成祖朱棣为加强思想控制，下诏修《五经大全》《四书大全》《性理大全》。翌年书成，亲自作序，令颁行全国，此举标志程朱理学被正式确立为朱明王朝的治国思想。同时强行规定四书五经为文人必读的教程，科举以程朱理学为指导思想。程朱理学把"理"视为哲学的最高范畴，主张"格物致知"，在人性论上主张"去人欲，存天理"。虽然有利于维护社会稳定、促进文化和教育的发展，但在科举制度环境下，推行程朱理学，导致文人埋读经书、咬文嚼字、克服私欲，才能达到圣贤之道。这进一步钳制了读书人的思想，剥夺了士人自由思考、发散思维的权利，不利于园林艺术的发展。

2. 浙派绘画的盛行

明初朱元璋推崇南宋院体之风，经过前期的酝酿，那些曾入宫廷或同样以南宋遗风为宗旨的画家，在民间逐渐聚集在一起，在南宋院体画风基础上，吸收了民间画风的新鲜元素，又融入了当地的地域文化，创造出与明初院体画风有所区别的新画风，给当时的画坛带来了新鲜的生命气息。这一新画风便是兴起于明初，

而后在浙江一带得到盛行的浙派绘画（图3-1）。浙派绘画笔墨既刚劲大气，又灵动秀润，刚柔相济，那奔放、豪迈、大气的特色正好与杭州大气、包容的人文环境相得益彰，从而影响了杭州园林的造园风格，并使得同为江南园林的杭州园林与苏州园林、扬州园林风格差异明显。

图3-1　浙派绘画代表画作——蓝瑛《江皋话古图》和吴伟《江山渔乐图》

四、园林营造活动

至明中前期，陆续有官员治理西湖，如景泰七年，镇守兵部尚书孙原贞对西湖二闸进行修筑，但规模较小，收效甚微。真正大规模的疏浚发生在正德初年。明弘治十六年杨孟瑛出任杭州知府，那时西湖葑塞已久，湖西一带几成平陆。杨孟瑛向朝廷呈递了《开湖条议》，陈述西湖淤塞的诸多弊害，并力排众议，于明正德三年对西湖实施大规模疏浚，"为佣一百五十二日，为夫六百七十万，为直银二万三千六百零七两。斥毁田荡三千四百八十一亩，除蠲额粮九百三十余石，以废寺及新垦田粮补之，自是西湖始复唐、宋之旧。"这次疏浚，清除侵占西湖水面的田荡近3500亩，并用疏浚产生的淤泥和葑草从栖霞岭西侧，绕丁家山，沿里西湖筑起一条南北走向的长堤，人称"杨公堤"。为方便通船，堤上建有环璧、流金、卧龙、隐秀、景行、浚源六桥，称"里六桥"，与苏堤六桥合称"西湖十二桥"。同时杨孟瑛又将苏堤填高二丈，拓宽五丈三尺，两岸补植桃柳，苏堤景色倍增。经过杨孟瑛的大规模疏浚和整理，西湖重又回到碧波荡漾的景象。

寺观园林方面，与明初时相似，新增数量不多，且以名人祠堂为主。新建的道观、祠庙约有9座，如于谦祠、四贤祠等，道院有玉枢道院等，寺庙有智胜庵、寿圣寺等。

私家园林方面，这一时期见载的私家园林数量虽然不多，但在规模上比明初大，如于谦故里、洪钟别业等，其中洪钟别业规模最大，始建于成化年间，刑部尚书洪钟晚年退隐原籍，在西溪建造别业，别业北部为宅院，由三瑞堂、归舣居、香雪堂、沁芳楼组成，南部为书院，由竹清山房、清平山堂、萝荫阁、抱月轩等组合而成，规模甚大。除此之外，还有孙一元在雷峰下湖滨的鹤渚和莲华洞西的高士坞、郑善夫在龙山的郑继之寓居、洪钟在涌金门外的两峰书院等。

另外还有一些出名的书院园林，如万松书院和西湖书院。万松书院原为报恩寺，明弘治十年浙江右参政周木改辟为万松书院，它是明清时杭州规模最大、历时最久、影响最广的文人会集之地。西湖书院本是至元时建，成化年间布政司宁良移建于孤山，乾隆八年并入崇文书院。

第三节　成熟期（嘉靖至崇祯时期）

明中叶至晚明，尤其是晚明，是统治最为黑暗的时期，但也是文禁松弛、思想活跃的时期，这一时期的文人最富有文化创意、思想内涵。经过明朝中前期的积淀，这时的杭州经济繁荣、资本主义萌芽产生，受当时社会风气的影响，达官、名士纷纷建造园林，分布于城乡之间，直接促进了园林艺术的发展，园林理论日趋丰富，造园观点精辟独到。

一、政治束缚的进一步减少

明朝中后期，政治环境发生了根本性改变。嘉靖皇帝前期虽有作为，但后期好方术鬼神之事，并滥用民力大事兴建，造成巨大的靡费。《明史·食货志》说："世宗营建最繁，十五年以前，名为汰省，而经费已六、七百万。其后增十数倍，斋宫、秘殿并时而兴。工场二、三十处，役匠数万人，军称之，岁费二、三百万。其时宗庙、万寿宫灾，帝不之省，营缮益急，经费不敷，乃令臣民献助；献助不已，复行开纳，劳民耗财，视武宗过之。"隆庆皇帝则是"嗣位二年，未尝接见大臣，咨访治道"。万历皇帝执政后期荒于政务，导致国家运转几乎停罢，从上到下"职业尽弛，上下解体"。皇帝的疏于朝政，使得明初等级分明的传统礼法等级制度开始遭到冲击，大量违礼逾制景象不断涌现。明人著作中，有关江南房舍逾制的记载颇多。如顾起元引王可立《建业风俗记》称："嘉靖十年以前，富厚之家多谨礼法，居室不敢淫，饮食不敢过。后遂肆然无忌，服饰、器用、宫室、车马僭拟不可言。"又云："正德以前，房屋矮小，厅堂多在后面，或有好事者，画以罗木，皆朴素浑坚不淫。

嘉靖末年，士大夫家不必言，至于百姓，有三间客厅费千金者，金碧辉煌，高耸过倍，往往重檐兽脊如官衙然，园囿僭拟公侯。下至勾阑之中，亦多画屋矣。"万历《杭州府志》记载："五十年前，杭人有集资巨万而矮屋数椽，终身布素者，今服舍僭侈拟于王公。"由此可见，明朝中后期封建等级制度已形同虚设，各种禁令多名存实亡。挣脱了封建等级藩篱的约束，杭州园林有了极大的发展。

二、经济繁荣，资本主义经济萌芽

经过前期的积淀，到明中叶后，杭州商业繁荣，贸易发达，交通便利，人口稠密，生活富庶，已成为当时全国大都会之一。万历《杭州府志》的序中记载："今天下浙为诸省首，而杭又浙首郡，东南一大都会也。其地湖山秀丽，而冈阜川原之所襟带，鱼盐粳稻、丝绵百货于是乎出，民生自给，谭财赋奥区者，指首屈焉。"亦有"舟航水寨，车马陆填，百货之委，商贾贸迁""舟车所凑，湖山所环，其四方之游士贾客，肩摩踵蹑"等记载。杭州商业的发达，"入钱塘境，城内外列肆几四十里，无咫尺瓯脱，若穷天罄地，无不有也"，杭州人更是"止以商贾为业，人无担石之储"。除此之外，杭州号称"东南佛国"，在每年春季，香客云集，各地客商纷至沓来，杭州城内外人山人海，络绎不绝，争相交易，逐渐形成了著名的"西湖香市"。香市从三天竺、岳王坟，一直到湖心亭、陆宣公祠，最后集中于昭庆寺，形成"有屋则摊，无屋则敞，敞外有篷，篷外有摊"的盛况。张岱在《西湖梦寻》中用了"数百十万男男女女、老老少少，日簇拥于寺之前后左右者，凡四阅月方罢。恐大江以东，断无此二地矣"，描述了西湖香市之盛。万历《钱塘县志》记载："城内外列肆几四十里，无咫尺瓯脱……五方辐辏，无赢不售。"西湖香市商品种类之繁多，除了礼佛所需的香、烛、锡箔、佛珠，"凡胭脂簪珥、牙尺剪刀，以至经典木鱼，伢儿嬉具之类，无不集"，还有"三代八朝之骨董，蛮夷闽貊之珍异"。西湖香市成了全国独特的、声势规模巨大的城乡物资交流盛会，并推动了杭州城市经济的发展。在商品经济的推动下，一些手工业中已出现了资本主义萌芽。商业的兴盛造就了一批腰缠万贯的富商，他们把所积累的财富用以购田置地，建宅造园，园林成为其奢侈生活的一大内容，而风景秀丽的西湖则是富商建造私家园墅的首选之地。

三、宽松的社会风气与活跃的人文思想

1. 程朱理学的衰弱与阳明心学的兴起

随着经济的繁荣，社会生活方式和价值观念也在发生变化。程朱理学在明代中期逐渐僵化，失去了发展的生机。王守仁提出的阳明心学动摇了程朱理学的地位。尤其是嘉靖、隆庆年间，心学在科举考试中的地位俨然超越了程朱理学。何良俊在《四友斋丛说》中提到："阳明先生之学，今遍行宇内。"心学以"心外无理""知行合一""致良知"为核心思想，肯定并弘扬了人的主体精神，具有思想解放的倾向。心学张扬、坚守自我本真和个性解放大旗，对人欲表示充分的肯定。阳明心学的出现，冲破了政治的高压和思想的禁锢。而心学的起源地浙江杭州，可以说是受

到心学影响最为深远，心学提出者王阳明还常常到万松书院讲学，这为杭州文人从理学的固执里跳出来弘扬自我提供了有利的外在条件。前期对于造园的禁锢转变为文人士大夫主观能动造园，心学可以说起到了不小的推动作用。

2. 由俭入奢的社会风气

明初，朱元璋实行重本抑末、打击富户的基本国策，倡导"贵贱有等""淳厚俭朴"的社会风气。但是到了明代中叶，"代变风移，人皆志于尊崇富侈，不复知有明禁"。以万历皇帝为例，他在位期间大肆兴修土木，以满足本人穷奢极欲的享用。陆揖在《蒹葭堂杂著摘抄·禁奢辨》曾提到过："今天下之财赋在吴越，吴俗之奢，莫盛于苏杭之民。有不耕寸土而口食膏粱，不操一杼而身衣文绣者，不知其几何也，盖俗奢而逐末者众也。只以苏杭之湖山言之，其居人按时而游，游必画舫肩舆，珍馐良酝，歌舞而行，可谓奢也。"在杭州、苏州等大都市，无论是权贵高官，还是富商巨贾，他们都不再受"淳厚俭朴"风气的约束，凭借自己的财力在房舍建筑上一掷千金，穷奢极欲。这股逾礼越制、好奢尚侈之风以缙绅士大夫为先导和主流，并迅疾扩散于社会各阶层。张瀚称："人情以放荡为快，世风以侈靡相高，虽逾制犯禁，不知忌也。"可以说，随着商品经济的迅速发展，人民物质财富的极大富足，致使等级威严的礼法制度和伦理规范遭到冲击，导致人们传统的生活方式也发生了明显变化，新的消费风气逐渐构成。张瀚在《松窗梦语》里提及一些家族的兴衰，皆因生活奢化所至："世远者吾不知已，余所闻先达高风，如沈亚卿省斋、钱都宪江楼，皆身殁未几，故庐已属他姓。至如近者一二巨姓，虽位臻崇秩，后人踵事奢华，增构室宇园亭，穷极壮丽；今其第宅，皆新主矣。此余所目睹，安有如江楼、省斋者？"正是这一追求淫靡豪华的风气催生了杭州园林的发展，尤其是在风景秀美的西子湖畔，园林如雨后春笋般涌现。

3. 明末士大夫的隐逸之风

明代中后期，政治环境险峻黑暗，朝廷官员过着朝不保夕的生活，稍有不慎便会招致杀身之祸。仕途的坎坷与宦场的凶险导致文人士大夫对官场产生深深的畏惧和厌倦。于是，远离都市，逃离现实，隐逸林泉便成了他们的夙愿。正德、天启年间时，不少官员心灰意冷而辞官避祸，建园林以享天年。明末魏忠贤把持朝政，天下民不聊生，李流芳因"魏珰窃柄，毒流正人……乃于园中复凿曲沼，开清轩，通修廊，栽河灌木，盖将终老焉"。在隐逸之风的影响下，不少文人士大夫在山水间追求自己的意趣。杭州的自然山水环境名扬天下，吸引了不少隐士，他们在群山之间、西湖之滨隐居，徜徉山水间，怡然而自得。

4. 文人士大夫的好游之风

明代中叶前，旅游还不被当作是正经的活动。嘉靖、万历以后，旅游兴盛繁荣起来，成为文人士大夫普遍流行的风气。明代文学家陈继儒在《小窗幽记》里说："上高山，入深林，穷回溪，幽泉怪石，无远不到；到则拂草而坐，倾壶而醉，醉则更相枕藉以卧，意亦甚适，梦亦同趣。闭门阅佛书，开门接佳客，出门寻山水，此人生三乐。"张岱《大石佛院》一诗中也提到："余少爱嬉游，名山恣探讨"，并在《琅嬛文集》中叙说了与友人结伴游山时的乐趣："幸生胜地，鞋靸间饶有山川；喜作闲人，酒席间只谈风月。野航恰受，不逾两三，便楖随行，各携一二。僧上兔下，觞止茗生。谈笑杂以诙谐，陶写赖此丝竹。兴来即出，可趁樵风；日暮辄归，不因剡雪。"山水林泉间的逸趣已被视为文人生活中特有的清雅之举。明代造园名家计成在感叹本人身世时曾说："历尽风尘，业游已倦，少有林下风趣，逃名丘壑，久资林园，似与世故觉远，惟闻时事纷纷，隐心皆然，愧无买山力，甘为桃源溪口人也。"道出了明朝中后期许多士人的共同心声。杭州，尤其西湖，是当时文人士大夫旅游首选之地。但是外出游山玩水并非日日可行，隔绝于世也非他们本心所愿，而建造园林正好缓和了这一矛盾。于是文人士大夫纷纷模仿自然山水建造私家园林，有财力者更在西湖依山傍水处构筑山庄别墅，以长享山水之乐，基于这种目的，杭州造园蔚然成风。

5. 园林书籍的涌现

明代中后期，文人园林的发展促使浙派园林艺术达到高峰，一大批掌握造园技巧、文化素养又高的造园工匠应运而生。文人、造园家、工匠三者合而为一，促成了造园技艺从实践经验向系统和理论方面升级。于是，这一时期涌现出许多园林理论著作。《园冶》《长物志》《闲情偶寄》是当时比较全面、富有代表性的三部著作。其中《园冶》是中国第一本园林艺术理论专著，也是世界造园学最早的名著。除此之外，还有陈继儒的《岩栖幽事》《太平清话》，林有麟的《素园石谱》，高濂的《遵生八笺》，这些造园书籍的出版，推动了浙派造园活动。另一方面，随着好游之风日趋高涨，杭州作为一个著名的旅游城市，开始出现全方位介绍西湖景观与历史人文的书籍，为好游者提供游览指南，如田汝成的《西湖游览志》、俞思冲的《西湖志类钞》、季婴的《西湖手镜》、张岱的《西湖梦寻》就是其中的代表。这些书籍向大众介绍了西湖的美景，让人们更加向往西湖，从而推动了在西湖山水中营造园林的风气。

四、园林营造活动

西湖公共大园林经过杨孟瑛的彻底整治，重放光彩，而后还有许多地方官员任内为西湖的保护和建设做出了一定的贡献。如嘉靖十八年和嘉靖四十年巡按浙江监察御史傅凤翔、庞尚鹏分别发出文告，禁止侵占西湖。庞尚鹏还订立了《禁侵占西湖约》，刻碑石于清波、涌金、钱塘三门，禁谕："凡有宦族豪民仍行侵占及已占尚未改正者，许诸人指实，赴院陈告。"这对当时占湖为田之风起到一定的抑制作用。随着西湖的治理，群山之间的园林景点建设也得到了加强。嘉靖三十一年，杭州知府孙孟在三潭印月旁原三塔中北塔的旧址上建了振鹭亭，后又经司礼官孙隆扩建，形成了湖心亭，给西湖增添了一处佳景。到万历时，孙隆在涌金门临湖处建问水亭。万历三十五年，钱塘县令聂心汤发动民工，仿苏东坡疏浚西湖的方法，在三塔附近挖取葑泥，绕滩作埂，在西湖中形成了一个湖中之湖，三潭印月的雏形基本形成。万历三十九年，钱塘县令杨万里又在"湖中之湖"的四周筑起环形外堤，使之得到巩固和扩大，后又经十年建设，最终形成了"湖中有岛，岛中有湖"的浙派水上庭园。地方政府对西湖园林的建设使得大批园林景点形成，进一步丰富了西湖周边的景观。

寺观园林方面，这一时期无论是寺庙、道观还是祠堂，新建数量远超明中前期。据记载，这些新建寺观园林约有 28 所，现存的有曲水庵、舒公塔等。已有的寺观修建活动也很丰富，如孙隆主持修建昭庆寺，重修上天竺教寺、灵隐寺；宝掌和尚重建虎跑寺等。

私家园林方面，自明代中后期，浙派私家园林的兴建蔚然成风，杭州私家园林也不例外，在明清杭州地方志、游览志中多有记载。这些私家园林，有士大夫解官归乡的隐居之所，如钱塘门外的来鹊楼是张文宿的别墅，他曾任晋江令，晚年筑成此楼隐居其间；古灵山下的小辋川是参政吴大山仕归所筑；南山回峰的读书林是明司勋虞淳熙的别墅，他辞官后筑室归隐。这些隐居之所没有金碧辉煌的装饰，讲究的是山间野趣，所以多数建在深山之中。也有达官贵人、文人墨客、富商营造的别墅，如莲花峰下包涵所的青莲山房、韬光山下李芨的岣嵝山房、葛岭一带明副使林梓的从吾别墅，以及翁开的翁庄等，这些园林巧借山间湖畔，满足园主人追求自然意趣之心。

这一时期不仅寺观园林和私家园林得到长足的发展，见于史册的书院园林数量也随着社会的发展而剧增。西湖周边的书院园林有天真书院、崇文书院、正学书院，杭州城区的书院园林有吴山书院。除此之外，还有富阳的富春书院、余杭的龟山书院、於潜的天目书院等。

第四节　成熟后期（顺治至嘉庆时期）

清初由于战争，生产一度遭到严重破坏，清政府采取了一系列恢复经济的措施，最终出现了"康乾盛世"的鼎盛局面。"康乾盛世"持续时间长达 134 年，是清朝统治的最高峰，在此期间，中国社会的各个方面在原有的体系框架内达到极致，国力最强，社会稳定，经济快速发展。虽然杭州也受到明清易代的创伤，但园林并没有消亡或沉寂。待社会稳定、经济恢复后，园林得到了很好的发展。这一时期的园林艺术可谓传统园林的集大成者，造园活动之广泛、造园技艺之精湛，达到明清以来的最高水平。

一、康熙、乾隆南巡带来发展机遇

康熙皇帝六次南巡，除了第一次外，其余五次都驾临杭州；而乾隆皇帝每次南巡都到杭州。康熙皇帝第一次来杭州，地方官吏为接圣驾做了不少准备：对西湖进行疏浚，修建孤山行宫，为使御舟能从运河直达西湖，还疏通了自涌金门起经过市区流入运河的城河。康熙皇帝第二次来杭州，给西湖十景亲笔题名；第三次来杭命将西湖十景题名建亭刻石，最终西湖十景定型于这一时期。乾隆皇帝六次来杭，均游览西湖（图3-2），并题了不少诗以示风雅，同时他也下令做了一些对杭州人民有利的事，如修筑杭州至海宁的防潮海塘，使钱塘江水不会淹没农田，保障了人民的生活。此外还下达了不许再行侵占西湖的禁令，并在湖岸立碑。"查禁之后，遇有侵占丝毫，即照强占官湖律严加治罪。"《西湖新志》称："湖山景色，以圣祖、高宗先后临幸，兴复古迹不少，更觉粲然改观。"说明康熙、乾隆两位皇帝南巡对湖山园林的建设起着重要推动作用，让杭州园林迎来了新的春天。西湖十景虽然在南宋时便有，但最终定型于这一时期。两位皇帝南巡留下的诗文、界画，为后人研究这一时期的杭州园林提供了有力的依据。

图3-2 《乾隆南巡图》"驻跸杭州"（局部）

二、经济强盛，资本主义发展显著

明末清初，由于战乱，经济受到了一定的影响，但是杭州经济恢复得很快。清代的杭州，既是浙北地区商品的集散中心，也是大运河南端货物的集散地，通过水陆路可以与全国各地相连，通过海路可到达日本等国，交通便利、商业繁荣、手工业发达，经济发展已达到较高水平。康熙二十年，杭州"衢路周通，轩车络绎""布货疏通，远商云集"。到清代中期，杭州封建社会资本主义萌芽有了显著发展，尤其是丝织业在生产规模和生产水平上均大大超越了明代，位居江南三大织造之首，出现了"机杼甲天下""杭绸传四方"之盛况，这从著名文人厉鹗《东城杂记》所描述的杭城东郊"机杼之声，比户相闻"中可见一斑。当时杭州其他工商业也发展迅速，以杭扇和张小泉剪刀为代表的杭州手工艺品制作精良，驰名中外，这为杭州园林的持续兴盛奠定了物质基础。

三、官员退隐成风与文人数量激增

1. 明末清初文人官员不满清朝统治而退隐

明清易代使文人士大夫遭受了重创，代之而起的统治者又是来自边远地区的少数民族，这一让明朝遗民难以接受的痛苦现实，使得有些人为了保全性命选择继续效命于清王朝，有些人以自缢、绝食等极端激烈的方式表达自己对故国的忠诚，也有大部分遗民既不合作又需保全性命，选择了退隐之路，民族矛盾以及对故国的怀念促使他们在山水林泉之中寻求寄托。清王朝对前朝隐士采取"怀柔"策略，为隐士提供相对稳定的生活环境。杭州是当时隐士的集聚中心，汇聚了不少退隐之士，他们一边建造自己的私园，一边纵游于西湖山水间。因此进入清代后虽然杭州的经济受到影响，已有园林受损，但是这时候的造园活动还是十分频繁。

2. 杭州书院与举人数量增多

杭州的书院自唐代始，至清代到达极盛，清代杭州书院的数量远远超过之前任何一个朝代。据《杭州书院史》统计，明代可考证的杭州书院约有 19 所，而清代可考证的书院园林约有 30 所，其中顺治至嘉庆这一时期能够确考新建或修复的书院有 16 所，其数量之多、发展之快，几乎取代了官学作用。其中敷文书院（今万松书院）、崇文书院、紫阳书院、诂经精舍最为著名，被誉为杭州四大书院。另外，杭州书院数量增多，为杭州学子营造了良好的求学氛围，从而促进了杭州举人数量增多。据《明代浙江举人研究》和《清代浙江举人研究》这两篇硕士论文统计，明代时，杭州府举人数量有 1188 人，而顺治至嘉庆这五朝间，杭州府举人数量多达 2007 人，数量之多绝无仅有（表 3-1）。书院的兴建带动了书院园林的发展，而举人数量的增多则促进了杭州私家园林的兴建。杭州地处江南地区，营建私园蔚然成风，园林又以文人园林为重，想必清代杭州府的举人们是很希望建造自己的私园的。

表 3-1　明清杭州举人数量统计表 　　　　　　　　　　　（单位：人）

时期	明	顺治	康熙	雍正	乾隆	嘉庆	道光	咸丰	同治	光绪
数量	1188	132	438	212	941	284	372	133	111	314
总计	1188	2007					930			

3. 浙派诗词的发展

清代以来，杭州诗坛人才辈出、群星璀璨，领浙江诗坛之风骚。清初黄宗羲历康雍乾三朝，前后百余年，在文坛上影响至为深远。浙派领袖厉鹗，其诗幽新隽妙，擅南宋诸家之盛，其作品可谓是"十诗九山水"，浙江山水名胜，无论春夏秋冬、雨雪阴晴，他都能有感而发，其篇什之繁富，为历代写杭州及附近山水名胜诗人之冠（图 3-3）。浙派诗词在清代诗词史上是一个独特的存在，作为清中期诗坛大格局的领导者，其独特的人格取向及诗学宗尚使之在清代文坛上产生了巨大而深远的影响。美轮美奂的山水诗词在文人墨客中口口相传，杭州西湖山水也愈加天下闻名，从而吸引了更多人在西湖山水间游赏、吟诗作画、建造园林。

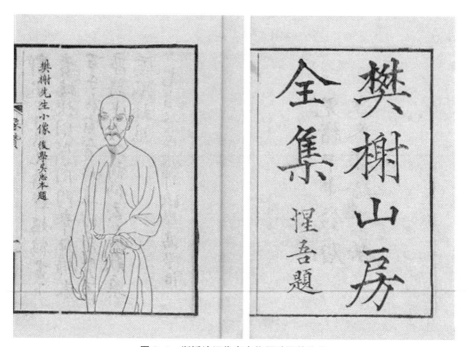

图 3-3　浙派诗词代表人物厉鹗及其作品

四、园林营造活动

　　清朝前中期政府很重视对西湖的治理。顺治时浙江右布政使张儒秀禁约豪民将西湖占为私产，并捐俸去葑草八十余亩。康熙南巡来杭时，地方官吏又对西湖进行疏浚。雍正初，西湖"淤泥菰葑，充塞弥漫，问所为六桥、两堤及其他古迹，则圮相望，甚至莫能指目其处"。外湖已大半变成湖田，周围仅存二十二里，于是朝廷下令疏浚，由浙江巡抚李卫、两浙盐驿道副使王钧具体负责这项工程。从雍正二年至雍正四年历时近三年，全部完工，将里湖和外湖三千一百二十二亩淤浅、葑滩之处，全部挖深、开浚。湖深至少三四尺，一般五六尺。疏浚面积占当时西湖总面积的百分之三十六。这次修治，是清朝规模最大的一次修治，对保护西湖秀丽的风光起到了重要作用。雍正九年因金沙港淤积，涨成平陆，李卫又对此港进行疏浚，从苏堤东浦桥至金沙港，挖沙筑堤，广三丈余，全长六十三丈，因"沙皆金色"，故以"金沙堤"名之，李卫在疏浚西湖的同时，还在西湖周边建造了很多景点，如湖山春社、功德崇坊、玉带晴虹等，这些景点共同组成了清西湖十八景（表3-2）。嘉庆十四年，阮元任浙江巡抚，见西湖逐渐淤塞，遂组织民工进行疏浚。历时两年，费官银四千五百两。他将挖出的淤泥堆积在湖心亭西北面，筑成一个面积八亩的小岛，这个小岛与宋代建的小瀛洲和明代建的湖心亭成"品"字形鼎立，摹仿蓬莱三岛,丰富了西湖的景观和层次。后人为纪念阮元的德政,就把它称为"阮公墩",阮元的疏浚使得西湖最终形成两堤三岛的景观格局。

由于康熙、乾隆南巡杭州,杭州开始兴建皇家园林。康熙皇帝南巡到杭时,前三次都住在太平坊的杭州府行宫,但杭州府行宫屋舍简单,没有景致,所以地方官在孤山建造了一座具有浙派园林特色的行宫。行宫在孤山山脚下,故称孤山行宫。孤山行宫始建于康熙四十四年,康熙皇帝第四次南巡杭州时,便驻跸于此。到了雍正朝,雍正皇帝没有南巡的雅致,便将孤山行宫改为圣因寺。到了乾隆朝,乾隆皇帝在圣因寺西面又修筑了一座行宫,称为圣因行宫,并亲题"西湖行宫八景"(表 3-2),圣因行宫依山傍水,既能览得湖光山色,又能借助孤山地形建造后苑,风景独秀,乾隆皇帝对这座宫殿格外珍爱。

表 3-2 清代杭州著名景点

景点合称	形成时间	景 点 组 成
西湖十景	南宋	苏堤春晓、断桥残雪、曲院风荷、花港观鱼、柳浪闻莺、雷峰夕照、三潭印月、平湖秋月、双峰插云、南屏晚钟
西湖十八景	清·雍正年间	湖山春社、功德崇坊、玉带晴虹、海霞西爽、梅林归鹤、鱼沼秋蓉、莲池松舍、宝石凤亭、亭湾骑射、蕉石鸣琴、玉泉鱼跃、凤岭松涛、湖心平眺、吴山大观、天竺香市、云栖梵径、韬光观海、西溪探梅
杭州二十四景	清·乾隆年间	湖山春社、宝石凤亭、玉带晴虹、吴山大观、梅林归鹤、湖心平眺、蕉石鸣琴、玉泉鱼跃、凤岭松涛、天竺香市、韬光观海、云栖梵径、西溪探梅、六和塔、黄龙积翠、小有天园、漪园湖亭、留余山居、篁岭卷阿、吟香别业、瑞石古洞、香台普观、澄观台、述古堂
西湖行宫八景	清·乾隆年间	鹭香庭、玉兰堂、瞰碧楼、贮月泉、领要阁、绿云径、四照亭、竹凉处
龙井八景	清·乾隆年间	风篁岭、过溪亭、涤心沼、一片云、方圆庵、龙泓涧、神运石、翠峰阁

寺观园林方面,这一时期新建寺观园林数量不多,约有 10 座,且多为李卫在疏浚西湖时所建,如湖山神庙、关帝祠、莲池庵、玉皇宫等。

私家园林方面,明亡清立时不少文人、官员无法接受满人统治天下,便过起退隐生活。如吴本泰在西溪秋雪庵附近买下一座庄园,归隐林下;明末清初书画家、藏书家陈煌图在明亡后痛不欲生,归隐于西湖修"北山草堂""鸳啸斋",为起居、藏书处所。所以明末清初杭州私家园林的造园活动总体来说还是很活跃的。到了康雍乾时期,杭州经济重返繁荣,私家园林的营建又达到新的高潮,吟香别业、留余山居、小有天园、庚园、皋园、层园、漪园等名园不胜枚举。虽然现今大部分名园已不复存在,但可以从《南巡盛典名胜图录》的界画中一窥当时名园的风貌(图 3-4)。有些私园名气颇大,如小有天园是乾隆时期的江南四大名园之一,皋园曾有杭州第一好园林之称。

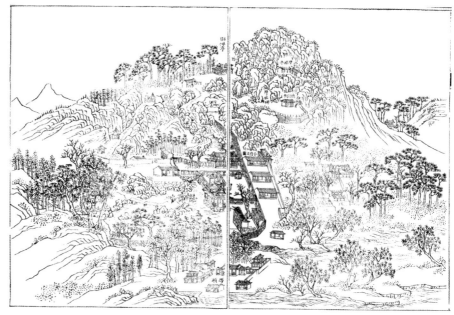

图 3-4　乾隆时期江南四大名园之一的小有天园界画

书院园林方面，杭州书院自唐代始，至清代达到极盛。其中以敷文书院（万松书院）、崇文书院、紫阳书院、诂经精舍最为著名，世人称之为清代杭州四大书院。其中敷文书院和崇文书院为明代所建，而紫阳书院和诂经精舍系清代所建。四大书院是清代杭州书院的代表，在江浙一带颇具影响力。除了四大书院之外，还有敬一书院、朱公书院、南阳书院、玉岑书院、启蒙书院、桃园书院等，它们或分布在西湖群山间，或分布在杭州府所辖的各县中。

第五节　衰落期（道光至宣统时期）

清末由于受到西方帝国主义的入侵，社会动荡不安。虽然这一时期商人因民族工业积累不少财富，私家园林数量非常可观。但由于外来文化的入侵和文人思想的转变，园林艺术逐渐走向衰落，部分园林呈现出中西合璧的风格。

一　内忧外患，社会动荡

嘉庆、道光后，统治阶级生活骄奢淫逸，而下层劳动人民忍受残酷剥削，生活极端贫困，导致各地民变此起彼伏。1851年1月，洪秀全、杨秀清等发动太平天国运动，于1853年3月攻克南京，建为首都，杭州大震，"苏、常避难者纷纷迁至杭州，杭民亦相率他迁，钱江舟楫为之一空"。官绅"抹其官衔门帖"，深怕"适以招害"。清咸丰十年、太平天国十年，忠王李秀成为解天京（南京）危局，以"围魏援赵"之计，于3月19日攻占杭城，24日退出，此为太平军第一次攻占杭州。次年，李秀成于12月第二次攻打杭州，在围城两个月后，杭州城内断粮，数以百万计的百姓饿死，至1864年3月，太平军退出杭城。而后清兵入城，纵兵大掠，奸淫妇女，抢夺财物，均谓取之于"贼"，抢劫之后，杭城 81 万人仅剩 7 万，此为杭州历史上最大的一次兵祸。据《中国人口史》计算得知，太平天国战争使得杭州人口损失 300 万，人口损失率达 80.6%。杭州夹在太平军和清军之间，饱受其害，不少园林毁于兵祸，如小有天园便是毁于太平军。除了内忧，杭州也饱受外患的影响，1895 年签订的《马关条约》规定将杭州辟为商埠，拱宸桥一带被辟为日租界。在当时时局的影响下，西湖不少景点残破不堪，甚者更是惨遭废圮。

二、民族工业诞生，经济更加繁荣

清末，凭借长期的商业、钱业资本积累，浙江地区的金融势力在我国银行业形成与发展中发挥了重要作用，是其后"江浙财阀"的主力。清光绪二十年（1894）甲午战争以后，杭州被辟为通商口岸，在拱宸桥地区开设海关，杭州早期现代化开始起步，相继涌现出丝绸厂、棉纺织厂、机器制造厂、火力发电厂、造纸厂、火柴厂、面粉厂等近代工厂，标志着杭州近代民族工业的诞生。

三、西方文化的冲击与造园艺术的衰退

1. 西方文化的冲击

清中期，随着西方文化的传入，园林细微之处开始出现西式景观和装饰，但它们并没有从根本上改变传统园林的格局。1840 年鸦片战争后，西方文明渗透开始加强，1895 年《马关条约》的签订使得杭州成为日本商埠，中西方文化发生了剧烈碰撞，到清末中国已经沦为半封建半殖民地社会，这时的园林受西方园林的影响逐渐开始建造西式洋房、西式花园。童寯在《江南园林志》中提到："造园之艺，已随其它国粹渐归淘汰。自水泥推广，而铺地叠山，石多假造。自玻璃普遍，而菱花柳叶，不入装折。自公园风行，而宅际空庭，但植草地。加以市政更张，地产增价，交通日繁，世变益亟。盖清咸、同以后，东南园林久未恢复之元气，至是而有根本减绝之虞。"受时代背景影响，杭州园林也不例外，在园林布局、造园手法、园林要素等方面都呈现出西化的特征。

2. 文人思想的转变与造园艺术的衰退

清末正处于封建社会即将解体的时期，文人士大夫中清高、隐匿的思想愈来愈淡薄，他们开始争逐名利、追求享乐。另一方面，商人们通过民族工业提升财力，不少人建造花园来享乐、应酬，这一转变使得私家园林部分功能发生改变。"娱于园"的观点几乎取代了传统"隐于园"的观点，他们把自己的宅园当作炫耀财富和社会地位的工具，使得宅园变成聚客、娱乐等社交功能的活动中心。南宋以来的杭州园林简远、疏朗、雅致、自然的风格逐渐消失，所谓的雅逸和书卷气亦逐渐融于世俗之中。至此，这一时期的园林艺术已经失去了能动、进取的精神，导致造园艺术创作衰退。

四、园林营造活动

晚清因战事频繁，国事日非，公共园林和寺观园林的建设都很少。对于西湖，除同治时蒋益澧等稍加治理外，再无重大整治，绮丽的湖光景色，渐趋凋敝，很多园林景点也随之消亡。除了原有名刹，新建寺观园林虽有白衣寺、玛瑙寺、弥陀寺和左文襄公祠等，但总体数量上已今非昔比。

清末的私家园林在数量上颇多，据统计有20多所，虽有中西合璧的风格出现，但造园技艺已没有太多创新，园林营造陷入程式化，且多为商人所建。童寯先生在《江南园林志》中提到杭州私家园林："近且杂以西式，又半多为商贾所栖，多未能免俗，而无一巨制。俞曲园（樾）主持风雅数十年，惜其湖上三楹，不出凡响。"这些私家园林中较为出彩的有胡雪岩的芝园和郭士林的郭庄，除此之外还有王见大的南园、刘学询的水竹居、唐子久的金溪别业、高云麟的红栎山庄、廉惠卿的小万柳堂、刘锦藻的坚匏别墅等，这些园林主要集中在西湖湖滨，借助西湖的真山真水，丰富园内景致。

清末杭州书院建造也很频繁，由于太平天国战争，杭州书院大部分毁于兵火之中，所以敷文书院、崇文书院、紫阳书院、诂经精舍、梅清书院等在战后都进行了修复。除此之外，清末还有一个值得一提的园林，那就是建于孤山南面的西泠印社。西泠印社占地约30亩，园林建筑布局紧凑，亭台楼阁皆因山势高低而错落有致，一层叠一层，井然有序，构成一个层次丰富、疏密有致的整体，堪称浙派园林之佳作（图3-5）。

图3-5　西泠印社图石刻

第 四 章

明清杭州园林名人

与明清杭州园林息息相关的名人有很多，如包涵所、张岱、田汝成、杨孟瑛、孙孟、孙隆、聂心汤、高濂、李渔、陈淏子、张儒秀、康熙、乾隆、李卫、厉鹗、翟灏、阮元、丁丙等。有的名人对当今西湖格局形成产生影响，有的名人对当时西湖旅游产生影响，有的名人则对明清杭州园林的传承做出贡献。由于人数较多，故每个朝代选择 5 位影响较为深远的名人进行分析。

第一节　明代

一、包涵所

1. 包涵所简介

包涵所，名应登，字涵所，钱塘人，出生年月不详。万历年间进士，官至福建提学副使，后归隐西湖。他与张岱的祖父张汝霖是朋友，可从张岱的诗文中了解到他。包涵所家境富裕，生活无忧，平日多与好友相聚诗社吟诗或是泛舟听曲，他还特地为在湖山泛舟听曲建造了船楼。除吟诗听曲之外，包涵所也爱营造园林，但凡他营造的园子都极尽奢华。

2. 包涵所与园林

（1）青莲山房

明代文人喜好结社，大江南北各种名目的集社不胜枚举，如诗社、文社、书社、茶社、酒社等等。张岱的祖父张汝霖就曾在杭州与友人包涵所、黄汝亨等成立了一个"食社"，著有《奢史》四卷。在名目繁多的集社中最为常见的还数诗社。文人韵士或十日一会，或月一寻盟，假湖山胜地，作诗酒唱酬，既有朋友相契的喜悦，又可以相互切磋诗文。正如敖英所言："古者士大夫闲居，必有高人韵士与之杖履，徜徉于水声林影之间，寻幽吊古以畅冲襟。如杜少陵（杜甫）之于锦里先生，青莲居士（李白）之于范野人是也。"随着江南经济文化的发展，名士文化也由清赏演变为对物质的极度追求。讲求精致，崇尚奢靡成为明后期江南一带名士文化最突出的特征。

包涵所将其在西湖附近的一座别墅名为"青莲山房"，来致意诗仙李白"青莲居士"的称号。青莲山房建筑外形富贵华美，成为一时的奇谈，不但如此，建筑之内也是金碧辉煌。"一室之中，宛转曲折，环绕盘旋，不能即出"，青莲山房内的房屋如迷楼一般曲折盘旋，其屋之大、之精巧几乎能与皇家园林媲美。除此之外，"曲房密室，皆储侍美人"，包涵所喜好美人相伴，听歌赏舞，饮酒作乐，无不展现包涵所对于物质生活的追求。再者，青莲山房选址依山傍水，既临西湖又倚莲花峰，建筑虽华美，外部却以石屑砌坛，柴根编户，在张岱看来，这"正如小李将军作丹青界画，楼台细画，虽竹篱茅舍，无非金碧辉煌也"。山房引山涧，借深岩峭壁之景，掩映在树林山峦之间，自成幽静之处。所以他将此地作为与好友吟诗作赋的"诗社"聚会场所，寄托包涵所文人雅兴的精神追求。

（2）包衙庄

包涵所经常乘兴而出，乘着楼船出游，最常去的是包衙庄。包衙庄包括南园和北园两部分，南园在雷峰塔下，北园在飞来峰下。两个地方颇有共同之处，选址考究，背山面水，风光旖旎。园内都是奇石荟萃，垒积叠布，显现出峭拔特异的风姿。其中，南园包衙庄大厅用拱和斗的建筑方式托起梁木，省去了中间的四根柱子，这样有利于列队舞狮子。而北园则修建成八卦房的形式，园中的亭子像一个圆规，分作八个小阁，徐徐展开，形状就像扇面。在这一阁中最为狭窄的地方，放一张床，前后都有罗帐。挂下里面的罗帐，床就向外；挂下外面的罗帐，床就向内。包涵所就在床上梦香倚枕，门户上开辟明净的窗户，八张床依次出现。据冯梦祯《快雪堂日记》记载，万历三十二年六月初六，金陵名妓马湘兰曾经前往包家做客。"杨苏门与余共十三辈请马湘君，治酒于包涵所宅。马氏三姊妹从涵所家优作戏。"包涵所就在这包衙庄内看舞狮，看戏曲，美女相伴，过着如此穷奢极欲的生活，在西湖上一过就是二十年。

（3）船楼

晚明是西湖游船发展的鼎盛时期，湖中之舟，鳞鳞如螂，易音数百，舟揖之美，甲于江南。文人雅士纷纷赞美舟游西湖的妙处。闻启祥比较山居与舟游之适，认为舟游具备活、幻、随意三条件，山水游历自以舟游胜出：

"欲领西湖之妙，无过山居，而余尤不能忘情于舟。山居饮食寝处常住不移，而舟则活。山居看山向背横斜一定不易，而舟则幻。山居剥啄应对犹苦未免，而舟则意东而东，意西而西。物色终有所未便，又甚寂而安，舟之功德矣哉！"

泛舟置酒湖上是当时士人的旅游风尚。拥有一艘舟舫几乎成为当时所有文人的梦想：不必应酬，早晚的风光都不会错过，无论访客或是登山都可以任意而往，午眠夕兴也是随人所愿，不想见的客人就可以移掉躲避。文人韵士们偏爱轻巧的小舟，可以自由穿梭于诸桥之下。但是由于受到体量的限制，小舟上无法进行其他休闲活动也不能作长时间的居留，于是就出现了楼船。张岱即言"家大人造楼，船之造船，楼之。故里中人谓'船楼'，谓'楼船'，颠倒之不置。"

张岱祖父的朋友包涵所就是西湖楼船的创始人。他为了与友人宾客取乐，打造三艘楼船，头号设置歌筵，储备歌童；次号装载书画；三号储备歌伎美人，乘兴而出，一去便是十多日，沿途观看者竞逐，引领风流。首开于楼船中演剧的是包涵所。

后人汪汝谦改进了楼船，并使之与园林结合，创建了"不系斋"。改进后的楼船瘦狭如梭，通过减轻体量克服了大楼船的限制，可以较为灵活地行动，从而开拓了游湖的空间。然而与小艇相比较，它又保留了室内空间，可以会友居停，享受在湖上的娱乐活动。汪汝谦以台代楼，循廊上下欣赏视野有所不同。楼下坐卧则由舫窗观景，体验遮蔽中的敞开台上登临则有帷幔掩映，感受开敞中的遮蔽。二者参差交错，创造了一种复合式的观景方式。此外，舫窗的设计与园林窗景的功能相似，都起到了对景物进行裁剪和艺术组合的作用。随着船的移动，窗景就如同一幅缓缓展开的长卷，不断改变着画面的内容。坐在舟舫中可以借助窗景的变化，看遍好花，坐探微月，将湖山胜景揽入胸怀，远胜构园只能偏取一地（图4-1）。

图4-1 清郁希范《西湖风景画册》里的西湖楼船

从此之后，精丽楼船即成为官商豪奢的标志，水中一叶扁舟则是雅士的象征。文人缙绅、富豪官宦们搭乘自家的画舫或楼船，在湖上选妓征歌，演剧作乐，以添游兴。

二、杨孟瑛

1. 杨孟瑛简介

杨孟瑛（图4-2）字温甫，重庆丰都人。明弘治十六年出任杭州知州。其时西湖淤塞，杨孟瑛力排群议，对西湖进行了大规模的疏浚，清除侵占西湖水面形成的田荡近3500亩，并以疏浚产生的淤泥、葑草在西里湖上筑成一条呈南北走向、北起仁寿山、马岭山脚，南至赤山埠、钱粮司岭东麓，连接丁家山、眠牛山等的长堤，堤上建六桥。这是历史上继唐白居易、宋苏轼之后第三次规模最大、成效卓著的对西湖的整治。后人为纪念杨孟瑛，称此堤为"杨公堤"。

图4-2　杨孟瑛

2. 杨孟瑛与杨公堤

南宋后期，西湖因年久失治，茂草丛生，宋末有李霜涯作一词讥嘲说："平湖千顷生芳草，芙蓉不照红颠倒，东坡道，波光潋滟晴偏好。"到了元代，当地政府对西湖未加疏浚治理，任其荒废，沼湖四周，泥土淤塞，地主豪绅趁机霸占。尤其是苏堤以西的湖面，葑草蔓合，湖面壅塞，荒芜不堪；高者为田，低者为荡，阡陌纵横，尽为桑田。即使苏堤以东的湖面，也被豪强侵占，仅留一线流水，大的游船都不能通行。到了明初，"官府往往以傍湖水面，标送势豪，编竹节水，专菱芡之利；或有因而渐筑塍埂者"，把一个水光潋滟、碧波荡漾的西湖，分割得支离破碎，使杭州人民痛惜万分。苏堤亦由于湖波激荡，堤身渐削，堤上柳败花残，已非宋时旧观。明代，不少人对西湖进行过整治，如景泰年间的孙原贞，成化年间的谢秉中，弘治年间的吴一贯，但都因豪绅的阻挠而收效不大。

明弘治十六年，杨孟瑛到杭州任知府。当时西湖被富豪霸占的面积达十分之九。杨孟瑛认为西湖的有无对杭州影响甚大：西湖占塞，会影响杭州城市的发展；将危及杭城的治安；使人们饮水困难；使运河水运不畅，妨碍交通贸易；使千顷良田得不到灌溉，失去抗旱的能力，影响农业生产。他要效仿白居易、苏东坡治理西湖。但是，当时占湖为田、筑屋建园的富豪人家，为了私利，多方阻梗，不肯迁屋平田。杨孟瑛出示告谕，晓以利害："今民之产，本昔官湖，民侵于官以肥家，固已干纪，官取于民以复归，岂谓厉民。又惟上塘万顷之田，夙仰西湖千亩之水，水尽湮塞，田渐荒芜，利归于数十家，害贻于千万井。……凡我父老，率尔乡闾，早为迁移，无肆顽梗！"并以铜钱局及西湖崇兴、崇善、禅智等废寺可耕良田沃地，如数标换湖田，不使乡民有所损失。由于杨孟瑛的坚持，得到了明武宗的准可，故从正德三年二月二日开始，以成千成万的劳力动工疏浚西湖，杨孟瑛亲临指挥，至九月十二日完成了全部工程，历时152天，用了670万个工日，耗银23607两，拆毁田荡3481亩，将所挖葑泥，一部分补益苏堤，使堤身增高二丈，堤面增阔至五丈三尺，沿堤复植桃柳，恢复了苏堤迷人的景色。剩下的大部分淤泥堆在湖西的山麓旁，筑成一条长堤。后人为纪念杨孟瑛开浚西湖的功绩，就称这条堤为杨公堤。堤上也有六座桥，桥原本无名，《西湖游览志》的作者田汝成给它们取了名，从北往南称：环璧、流金、卧龙、隐秀、景行、浚源，俗称"里六桥"，与苏堤的映波、锁澜、望山、压堤、东浦、跨虹六桥合称为"西湖十二桥"（图4-3）。

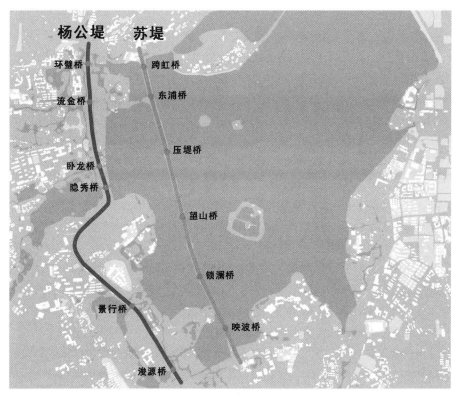

图4-3　苏堤六桥和杨公堤里六桥

经过杨孟瑛这次整理，"自是西湖始复唐宋之旧"。不少文人写诗作画，歌颂西湖又恢复了"湖上春来水拍天，桃花浪暖柳荫浓"的美丽景色。田汝成在《西湖游览志余》中说："西湖开浚之绩，古今尤著者，白乐天、苏子瞻、杨温甫三公而已。"但杨孟瑛在浚湖工程完成后不久，就在这年的十月，遭到盘查御史胡文璧的参奏，以"开浚无功，费用官帑"的罪名被降职使用，但经他疏浚的西湖确是焕发出迷人的风采。

三、田汝成

1. 田汝成简介

田汝成（1503—1557），字叔禾，钱塘人。明嘉靖五年进士，历任南京刑部主事、员外郎、礼部祠祭郎中，嘉靖十三年，被外放到广东任提学佥事，降知滁州，迁贵州佥事，进广西右参议，迁福建提学副使等职，后罢官归寓杭州，游览湖山胜迹，遍访浙西名胜。他"博学，工古文，尤善叙述""时推其博洽"，著述一百六十余卷，有《炎徼纪闻》《龙凭纪略》，另有《辽记》《田叔禾集》《武夷游咏》等，大多是亲身见闻的记录。

2. 田汝成的园林著作

《西湖游览志》及《西湖游览志余》是田汝成归隐杭州后的游记代表作品，也是他一生最受瞩目的作品。归杭后，田汝成绝意仕途，盘桓湖山，遍访浙西名胜，曾在嘉靖二十六年冬十一月所作《西湖游览志余》中曰：

海上之士，往往谈蓬莱三岛之胜，恍惚渺茫，莫可踪迹。岂若西湖重青浅碧，抱丽城闉，陆走水浮，咸可涉览？况帝都之余，藻饰华富，即海上之士所称珠宫贝阙，琪树琼花，当不过此！宜乎胜甲寰中，声闻夷服也。然海内名山，率皆有志，而西湖独无，讵非阙典？襄岁五岳山人黄勉之尝谓余曰："西湖无志，犹西子不写照，霓裳不按谱也，子盍图之。"时予敬诺，而五六年前，宦游无暇。迨乎宅忧除服，聊寓目焉，风景不殊，良朋就世，言犹在耳，负约已长。因念古人逾祥授琴，将以舒其苑结，闻笛作赋，用以感于幽冥。予不敏，窃比山水于笙歌，拟占毕以酬诺，一物二义，爰契我心。于是绸集见闻，再证履讨，辑撰此书。叙列山川，附以胜迹，揭纲统目，为卷者二十有四，题曰《西湖游览志》。裁剪之遗，兼收并蓄，分门汇种，为卷者二十有六，题曰《西湖游览志余》。

上述所言，解释了田汝成创作《西湖游览志》及《西湖游览志余》的目的。《西湖游览志余》中说，昔日繁华的帝都杭州有被历代文人所盛誉的西湖，景色冠绝天下，在他之前尚无人为其作志，实在是一件非常可惜之事，也是他作为文人感觉特别遗憾之事，因此他便产生了为西湖作志的想法。

这两部书保存了许多西湖在正史上没有记载的资料，使读者可以从中看到南宋到明代中叶以前杭州的政治、经济、文化和社会风貌，是研究杭州地方史特别是园林史的两部重要文献。因此，《四库全书总目提要》评述其道："是书虽以游览为名，多记湖山之胜，实则关于宋史者为多……因名胜而附以事迹，鸿纤巨细，一一兼赅，非惟可扩见闻，并可以考文献，其体在地志杂史之间。与明人游记徒咏登临，流连光景者不侔。"

《西湖游览志》共分二十四卷，分别为：卷一，西湖总叙；卷二，孤山三堤胜迹；卷三，南山胜迹；卷四，南山胜迹；卷五，南山胜迹；卷六，南山胜迹；卷七，南山胜迹；卷八，北山胜迹；卷九，北山胜迹；卷十，北山胜迹；卷十一，北山胜迹；卷十二，南山城内胜迹；卷十三，南山分脉城内胜迹；卷十四，南山分脉城内胜迹；卷十五，南山分脉城内胜迹；卷十六，南山分脉城内胜迹；卷十七，南山分脉城内胜迹；卷十八，南山分脉城内胜迹；卷十九，南山分脉城外胜迹；卷二十，北山分脉城内胜迹；卷二十一，北山分脉城内胜迹；卷二十二，北山分脉城外胜迹；卷二十三，北山分脉城外胜迹；卷二十四，浙江胜迹。

《西湖游览志》中，田汝成按照西湖的方位，以写实的手法记录了西湖的湖光名胜，除记录都城山川形势外，对每一处名胜古迹都详载其兴废沿革，广集历代题咏，尤以人物的历史掌故最为详细。这为之后的园林研究提供了丰富的史学资料，开创了西湖文化中的游览志书之先河。

相传在 16 世纪至 17 世纪的日本元和年代，西湖旖旎的湖光山色就已名扬天下。与此同时，田汝成编写的《西湖游览志》，由佛寺僧侣带到日本。当时的日本造园者十分仰慕中国园林的魅力，他们研究了西湖园林、石拱桥、亭台楼阁等中国传统建筑工艺，在本国园林建造时加以使用。故田汝成图文并茂的《西湖游览志》也就成了日本向中国西湖学习造园的教科书。由此可见，《西湖游览志》不仅仅是一部地方志，又是地理方面的杰出作品，更是著名的散文作品，是造园实践中不可或缺的参考书（图 4-4 ）。

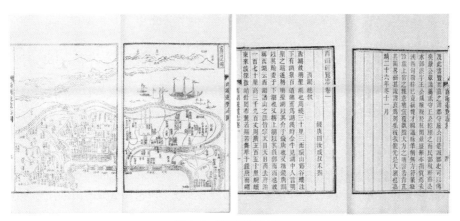

图 4-4 《西湖游览志》

田汝成在《西湖游览志余》中记载的大都是杭州的民间逸闻，后多被明代作家改写成小说。除此之外，田汝成在写这本书时，明查秋毫，事无巨细，如《委巷丛谈》如实地记录了杭州的风俗习惯、重要的社会现象，其中收集的童谣、谚语是研究古代杭州民间文学的珍贵素材。

四、张岱

1. 张岱简介

张岱（1597—1679），又名维城，字宗子，又字石公，号陶庵、天孙，别号蝶庵居士，晚号六休居士，浙江山阴（今绍兴）人，晚明文学家、史学家，也是一位精于园林鉴赏的行家（图4-5）。他崇老庄之道，喜清雅幽静，不事科举，不求仕进，著述终老，具有广泛的爱好和审美情趣，他喜游历山水，深谙园林布置之法；懂音乐，能弹琴制曲；善品茗，茶道功夫颇深；好收藏，具备非凡的鉴赏水平；精戏曲，编导评论追求至善至美。他精小品文，工诗词，是公认成就最高的明代文学家之一，其最擅散文，《西湖七月半》《湖心亭看雪》是他的代表作，著有《陶庵梦忆》《西湖梦寻》《夜航船》《琅嬛文集》《快园道古》等绝代文学名著，在这些文学作品中展现出他极高的园林美学见解。

图4-5　张岱

2. 张岱的生活环境

明中叶以后，宦官擅权，佞臣当道，特务横行，党争酷烈，内忧外患，愈演愈烈。贤能忠直者，或被贬逐，或遭刑戮。与此同时，思想界涌现了一股反理学、叛礼教的思潮。以王艮、李贽为代表的王学左派，公开标榜利欲，欲为人之本性，反对理学家的矫情饰性，主张童心本真，率性而行。在这种思潮的推动下，文人士子在对社会不满之余，纷纷追求个性解放，纵欲于声色，纵情于山水，最大程度地追求物质和精神的满足。他们一方面标榜高雅清逸，悠闲脱俗，在风花雪月、山水园林、亭台楼榭、花鸟鱼虫、文房四宝、书画丝竹、饮食茶道、古玩珍异、戏曲杂耍、博弈游冶之中，着意营造赏心悦目、休闲遣兴的艺术品位，在玩赏流连中获得生活的意趣和艺术的诗情；另一方面，他们在反叛名教礼法的旗号下，放浪形骸，纵情于感官声色之好，穷奢极欲，焚膏继晷，不以为耻，反以为荣。正是"人情以放荡为快，世风以侈靡相高"，如果说前者表现他们避世玩世的生活态度，那么后者主要反映他们傲世愤世的人生观念。

张岱出生于浙江绍兴（旧称山阴、越中）显赫富足的书香门第，高祖张天复、曾祖张文恭、祖父张汝霖皆为进士甚至曾祖高中过状元，数代人学识渊博、旨善书文。他一生落拓不羁，淡泊功名，早岁生活优裕，久居杭州，交游中不乏文人名士，如徐渭、黄汝亨、陈继儒、陶望龄、王思任、陈洪绶、祁彪佳兄弟等；明亡，他避居剡溪山，将对时代的悲愤之情悉注于文字之中，穷愁潦倒坚持著述。

正是这样的家庭出身，这样的社会思潮和这样的人文氛围，造就了张岱纨绔的习气和名士的风度，同样也决定了《陶庵梦忆》《西湖梦寻》和《琅嬛文集》等著作风格和内容。《陶庵梦忆》八卷收录了随笔122则，所记皆为明万历中叶至崇祯末年张岱亲身阅历过的杂事，包括官绅生活、朝野逸事、社会风俗乃至游戏娱乐、景物名胜，"种种世相、辏集笔底，描声绘影，读之如同目睹，并且叙事中常带感情，喜怒哀乐，无不动人，文情之妙，一时作者罕见其匹"；《西湖梦寻》有5卷72则，主要内容为追忆旧游，寻觅故踪，睹物思人，悲从中来，寄亡明遗老对故国哀思于其中，藏而不露，不语自伤，深切感人。在才学、情思的作用下，人生的丰富经历和对生活的独特感悟造就了张岱这两部作品在语言文字外别有余味。同时，从张岱的作品也能推断出晚明时期优秀园林不断涌现，与此同时出现了大量造园家和品评人，计成的《园冶》、李渔的《闲情偶寄》、文震亨的《长物志》正是那个时代园林思想的集中体现。

3. 张岱家族的园林实践

张岱的家族与园林渊源甚深（表4-1），其高祖张天复仕途失意后寄情于山水园亭，在绍兴开启了营造私家园林之风。祁彪佳说："越中园亭开创，自张内山（张天复）先生始，然结构浑横，犹有太古之遗，今则回廊曲榭，遍于山阴道上矣。"张岱曾祖张元忭是著名学者，在自己居所旁建"不二斋"作为讲学的场所，城南则有"南华山房"用来游览休憩，《越中园亭记》记南华山房说："宫谕张文恭（张元忭）构此为游息地，中有遂初堂、观涛阁。"张元忭性格谨饬，不务浮华，故南华山房的特点在于"古朴本色"。

表4-1　张岱家族的园林实践

姓名	与张岱的关系	建造的园林	所在地
张天复	高祖	镜波馆	会稽山阴
张元忭	曾祖父	不二斋、南华山房	会稽城南
张汝霖	祖父	表胜庵、天镜园、砎园	绍兴坡塘
陶兰风	外祖父	青棘园、镜漪园	会稽城东
张尔葆	父亲	苍霞谷、众香园	会稽城南
张尔葆	二叔	万玉山房	不详
张五泄	五叔	巘花阁	不详
张岱	本人	琅嬛福地	绍兴郊外

张氏家族兴造园林的风气真正盛行于张岱的祖父张汝霖。张汝霖个性通脱，与江南士林名流范允临、邹迪光、黄汝亨、包应登、陈继儒等密相过从，深受江南造园之风的影响，他曾开九里山，建有表胜庵、天镜园、砎园等园林。张汝霖营造的园林在前代基础上踵事增华，结构复杂，如天镜园："远山入座，奇石当门，为堂为亭，为台为沼，每转一境界，辄自有丘壑，斗胜簇奇，游人往往迷所入。"可见天镜园已具备大型园林的规模，因此被推为越中园林之冠。张汝霖建造的园林建筑及装饰不再朴素简单，而以富丽精工见长，张岱记砎园说："大父在日，园极华缛。"

张岱的父亲张尔弢久困场屋，于是把满腹的抑郁寄托于修建园林和演习戏曲上。张尔弢城中有苍霞谷，以苍藤修竹胜；城南有众香园，中有品山堂："盖千岩万壑，到此俱披襟相对，恣我月旦耳。季真半曲，方干一岛，映带左右，鉴湖最胜处也。"张岱的叔父也热衷于造园，如二叔张尔葆的万玉山房，"为构各极宏敞，更兼精丽"，五叔张五泄的巘花阁，"石壁棱峙，下汇为小池，飞栈曲桥，逶迤穿渡，为亭为台，如簇花叠锦，想'金谷'当年，不过尔尔"。张岱的外祖父陶兰风也喜构园，城东有青棘园和镜漪园。可以说张岱家族四代人的园林风格浓缩了明中期以降百余年间绍兴私家园林的发展变迁。

越中士人的造园风气和家族的造园传统使得张岱从青年时期就留心园林，深谙造园之法。张岱的艺术修养较为全面，精通书画、戏曲、古琴、诗文，并将这些艺术门类融会贯通。在家族中，张岱受到祖父张汝霖的影响最大。张汝霖交友广泛，张岱通过祖父的关系游赏了江南著名的私家园林，如黄汝亨在杭州南屏的"寓林"，范允临在苏州天平山下的园林，邹迪光在无锡惠山下的"愚公谷"等。宁波、杭州、扬州、南京、镇江诸地都留下张岱游览鉴赏名园的足迹，这一经历开阔了张岱的眼界，为他的园林艺术造诣奠定了深厚的基础。张岱还与绍兴的友人就园林营造展开了深入的讨论和交流，如祁彪佳于崇祯八年离职归里，这年冬天开始修造寓山园，次年夏天竣工，在此期间他与张岱朝夕往还，一起游赏绍兴的私家园林，通过书信商讨寓山园的建造细节。寓山园建成后，祁彪佳还请张岱题额、题诗，祁彪佳视张岱为园亭知己。祁彪佳评论说："宗子（张岱）嗜古，擅诗文，多蓄奇书、玩具之具，皆极精好，洵惟懒瓒清秘，足以拟之。"

张岱晚年寓居绍兴快园，这处明亡前的名园在兵燹之后已破败不堪。在艰辛困窘的晚年岁月里，张岱没有失去对生活的热情，他为自己设计了最后的家园：

郊外有一小山，石骨棱砺，上多筼筜，偃伏园内。余欲造厂，堂东西向，前后轩之，后碨一石坪，植黄山松数棵，奇石峡之。堂前树娑罗二，资其清樾。左附虚室，坐对山麓，磴磴齿齿，划裂如试剑，匾曰"一丘"。右踞厂阁三间，前临大沼，秋水明瑟，深柳读书，匾曰"一壑"。缘山以北，精舍小房，纽屈蜿蜒，有古木，有层崖，有小涧，有幽篁，节节有致。山尽有佳穴，造生圹，俟陶庵蜕焉，碑曰"呜呼陶庵张长公之圹"。圹左有空地亩许，架一草庵，供佛，供陶庵像，迎僧住之奉香火。大沼阔十亩许，沼外小河三四折，可纳舟入沼。河两崖皆高阜，可植果木，以橘、以梅、以梨、以枣，枸菊围之。山顶可亭。山之西部，有腴田二十亩，可秫可粳。门临大河，小楼翼之，可看炉峰、敬亭诸山。楼下门之，匾曰"琅嬛福地"。缘河北走，有石桥极古朴，上有灌木，可坐、可风、可月。

"琅嬛福地"对于张岱而言意义非同寻常，是他的精神栖息地。琅嬛福地古朴幽雅，自然天成，具有丰富而深厚的艺术底蕴。虽然它只是留在纸上的园林，但仍可从中看到中国传统文人的风雅情怀和坚韧人格。可以说，张岱是园林营造、鉴赏的大家，他的园林造诣是建立在广泛的园林实践和深厚的艺术修养之上的。

4. 张岱的园林著作

唐代以来，杭州就以繁华著称。明代中后期的杭州繁华程度超过南宋，达到了一个新的高度。西湖及其周边的碧水青山，本就是天然图画，又有自白居易以来众多名人的遗迹或墓冢，人文内涵也十分厚重。晚明时期，西湖不仅是杭州市民游览休闲的场所，也是文人雅士聚居之地，湖畔私家园林林立，许多著名的文人如袁宏道、陈继儒、李流芳、谭元春等都曾长期寓居此处。这里的文化交流活动非常频繁，汪然明的"不系园"就是文人雅聚的绝佳场所。张岱的祖父、父亲都曾在西湖旁建有园林。他喜爱西湖，明亡前经常居住在这里，见证了晚明西湖世俗社会的繁华热闹和文人聚会的风雅清高。当山河易色、劫后余生之时，暮年的张岱面对瓦砾狼藉的西湖，心中多有感慨与辛酸，故他的作品中包含着解不开的兴亡之感、沧桑之叹。

张岱与明清杭州园林最有关联的著作为《陶庵梦忆》和《西湖梦寻》。《陶庵梦忆》是张岱最著名的笔记小品，成书于明亡后第二年，对杭州的山水名胜、民间工艺、节庆习俗、美食方物、风流人物等多有记录。《西湖梦寻》对杭州一带重要的山水景色、佛教寺院、先贤祭祠等进行了全方位的描述，按照总记、西湖北路、西湖西路、西湖中路、西湖南路、外景的空间顺序依次来写，把杭州园林的古与今全面地展现在读者面前。尤为重要的是，作者在每则记事之后选录先贤时人的诗文若干篇，点出山水、园林的精妙之处，使之增辉增色。而在 72 则记事中，又有不少关于杭州寺观的兴废之事，为寺观园林的研究提供了丰富的史料。

五、李渔

1. 李渔简介

李渔（1611—1680），初名仙侣，后改名渔，字谪凡，号笠翁（图 4-6）。浙江金华兰溪夏李村人，生于南直隶雉皋（今江苏省如皋市），明末清初文学家、戏剧家、美学家、园林学家。他自称："生平有两绝技，自不能用，而人亦不能用之，殊可惜也。一则辨审音乐，一则置造园亭。"他还说："生平痼疾，注在烟霞竹石间。尝语人曰：庙堂智虑，百无一能；泉石经纶，则绰有余裕。"一生著述丰富，著有《十二楼》《闲情偶寄》等，还批阅《三国志》，改定《金瓶梅》，倡编《芥子园画谱》等，是中国文化、园林史上一位不可多得的艺术天才。

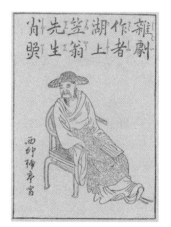

图 4-6　李渔

2. 李渔与戏曲、小说

明朝末年，局势动荡，李渔移居杭州，经济困顿，举日维艰。在不断接触、观察和了解中，他发现杭州这座繁华的都市从豪绅士大夫到一般市民都对戏剧、小说有着浓厚的兴趣。于是，他在杭城的大街小巷、戏馆书铺以卖赋糊口。这是一条前人从未走过、被时人视为"贱业"的"卖文字"之路，但李渔开始了他作为中国历史上第一位"卖赋糊口"的专业作家生涯。他以旺盛的创作力，数年间连续写出了《怜香伴》《风筝误》《意中缘》《玉搔头》等六部传奇及《无声戏》《十二楼》两部白话短篇小说集。这些通俗文学作品虽在当时被正统文人所不齿，视为末技，但由于通俗易懂，贴近市民生活，寓教于乐，适合大众的欣赏情趣，所以作品一问世，便畅销于市场。尤其是他的短篇小说集，更是受到读者的欢迎。李渔称自己的作品是"新耳目之书"，一意求新，不依傍他人，也不重复自己。他努力发现"前人未见之事""摹写未尽之情，描画不全之态"，故事新鲜，情节奇特，布局巧妙，语言生动。后人在评论他的小说成就时，称他的《无声戏》《十二楼》两个短篇小说集是继冯梦龙、凌濛初的"三言""二拍"之后不可多得的优秀作品，是清代白话短篇小说中的上乘之作。

当时，除戏曲、小说外，市民的生活要求和审美意识在园林的内容和形式上也渐渐显露出来。《闲情偶寄》一书中提到："山之小者易工，大者难好。予遨游一生，遍览名园，从未见有盈亩累丈之山，能无补缀穿凿之痕，遥望与真山无异者。犹之文章一道，结构全体难，敷陈零段易。"李渔论述园林建造时，将之比喻为作文；论述戏曲理论时，又将之比喻为建造："常谓人之葺居治宅，与读书作文同一致也。"这样的互喻，本身就说明李渔在实践中将戏曲理论与园林美学融会贯通。

3. 李渔与园林

（1）造园理论

李渔的造园理论几乎都体现在《闲情偶寄》（图4-7）中。《闲情偶寄》又名

《一家言》，共九卷，其中八卷讲述词曲、戏剧、声容、器玩等。第四卷"居室部"是建筑和造园的理论，分为房舍、窗栏、墙壁、联匾、山石五节。

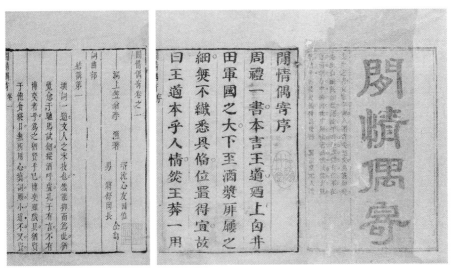

图4-7 李渔的造园著作——《闲情偶寄》

李渔认为"幽斋磊石，原非得已；不能致身岩下与木石居，故以一卷代山，一勺代水，所谓无聊之极思也。"在"房舍"一节中，李渔竭力反对墨守成规，抨击"亭则法某人之制，榭则遵谁氏之规""立户开窗，安廊置阁，事事皆仿名园，丝毫不谬"的做法，提倡勇于创新。在"窗栏"一节中，指出开窗要"制体宜坚，取景在借"。借景之法乃"四面皆实，独虚其中，而为便面之形"，这就是所谓的"框景"，李渔称之为"尺幅窗""无心画"。这样的框景可收到以小观大的效果，"见其物小而蕴大，有须弥芥子之义，尽日坐观，不忍合牖"，又可游观而移步换景。

"山石"一节中，李渔非常重视园林筑山，认为它"另是一种学问，别有一番智巧"。当时的叠山有两种倾向：一种是土石山，一种是石山。李渔反对后者提倡前者，认为用石过度往往会违背天然山脉构成的规律而流于做作。此外，在"山石"一节中，李渔还谈到石壁、石洞、单块特置等特殊手法，并从"贵自然"和"重经济"的观点出发，不以专门罗列奇峰异石为然，推崇以质胜文，以少胜多，这都是宋代以来文人园林的叠山传统。

（2）造园实践

在《闲情偶寄》中，李渔率性而谈，将自己的生活情趣、审美趣味、艺术个性自然坦露出来，毫不掩饰矫造。李渔自云："予性最癖，不喜盆内之花，笼中之鸟，缸内之鱼，及案上有座之石，以其局促不舒，令人作囚鸾絷凤之想。"其性爱自然舒畅，不喜拘泥促迫。并且他推崇"随举一石，颠倒置之，无不苍古成文，纡回入画"的叠山能手，提倡"宜自然，不宜雕琢""顺其性"而不"戕其体"。与此相应，李渔在营构园林时，首重自然环境，他一生为自己营造了三个园林（表4-2），这三个园林都遵循这一法则。

表4-2　李渔的造园实践

时间	园林名称	地点	与园林相关的著作
清顺治三年	伊园别业	夏李村（距兰溪约二十五公里）	《伊园十便》《归故乡赋》
顺治十八年	芥子园	金陵南郊（秦淮河边）	《芥子园杂联》
康熙十五年	层园	杭州清波门外云居山麓的螺蛳山	《笠翁诗集》

1）伊园

伊园位于浙江省兰溪县城东郊的伊山南面，又称"伊山别业"，建于1646年，现存且停亭等部分景点。李渔在《伊园十便》的小序中说："伊园主人结庐山麓，杜门扫轨，弃世若遗，有客过而问之曰：子离群索居，静则静矣，其如取给未便何？对曰：余受山水自然之利，享花鸟殷勤之奉，其便实多，未能悉数，子何云之左也。"李渔追求闲静遗世之趣，伊园建在"近水邻山处""两扉无意对山开""步出柴扉便是山""山窗四面总玲珑，绿野青畴一望中"，屋前有方塘，"方塘未敢拟西湖，桃李曾栽百十株"，屋后有瀑布，"飞瀑山厨止隔墙，竹梢一片引流长"。整座园居虽因陋就简而成，但完全融入自然山水之中，得自然之精华。李渔还在村口的大道旁倡建了一座凉亭，取名为"且停亭"，并题联曰："名乎利乎道路奔波休碌碌，来者往者溪山清静且停停"。此亭一直为后人传颂，被誉为中国古代十大过路凉亭之一。

2）芥子园

芥子园是李渔在顺治十八年暂居金陵时所构，地处金陵古城南郊，因地只三亩，故取名为芥子园，取"芥子虽小，能纳须弥"之意，境界之美，内涵之深，不言而喻。芥子园经他精心设计，巧妙安排，别有情趣，内既有集轩榭台阁之美的浮白轩、来山阁、月榭、歌台等，又有"丹崖碧水，茂林修竹，鸣禽响瀑，茅屋板桥，凡山居所有之物，无一不备"。更妙的是山脚处碧水环流，水边石矶俯伏的假山上有雕塑高手为李渔塑造的一尊执竿垂钓的坐像。李渔十分欣赏自己的这一巧思："有石不可无水，有水不可无山，有山有水，不可无笠翁息钓归休之地，遂营此窟以居之，是此山原为像设。"在园林中出现人物雕塑，尤其是园主人的塑像，是我国园林史上的一次标新立异的重大突破。

李渔造园构思，相地合宜，构筑得体，在建筑布局时，既保留了原有树木，又使建筑、叠石与植物有机地结合在一起，相得益彰，使芥子园形成一派秀丽清新的园景。园林中挺拔成荫的多年林木，既展示了悠久的园林历史，又成为景观组织不可多得的素材。另外在楹联、匾额的题写与创作上，李渔也无不巧思如涌，深化扩大了景点的意境，体现出淡泊野逸的情趣。芥子园经过李渔的苦心经营，实现了"壶中天地"的极高意境。

令人遗憾的是这一代名园，自李渔移家杭州后，几易其主，迭经洗劫，终于湮没，至民国初期已是一片菜园，现在已毫无踪迹可寻。1986年兰溪市政府为了纪念李渔在他家乡仿南京芥子园重构新园，约 7300 平方米，以水池为中心，池北燕又堂，池南古戏台，过石桥为栖云谷，谷上建佩兰亭，成为中外学者研究李渔的基地。

3）层园

康熙十五年至十七年，李渔在杭州吴山东北螺蛳山铁冶岭修筑了一座园林——层园，这是一座未竣工的园林。李渔在山穷水尽的情况下，卖掉金陵芥子园，返回浙江，多亏浙江当道的帮助，购买了吴山东北麓张侍卫的旧宅。这是一处十分理想的居址，位于西湖东南吴山之中，背靠吴山，面对西湖，后有钱塘江，园处半山腰，山中建园，园中有山，山水兼备，与郭璞井、黄泥潭相邻，距六桥、孤山、苏堤亦不远，远离闹市，雅趣无穷。李渔这样选址是经过深思熟虑的：

其一，李渔在《闲情偶寄·居室部·房舍第一》"高下"款提到"因地制宜之法"。他指出："高者造屋，卑者造楼"，同时"又可因其高而愈高之，竖阁磊峰于陵坡之上。因其卑而愈卑之，穿塘凿井于下湿之区"。总的来说，李渔认为造屋须选择高处为好，而穿塘、凿井是房舍周边的必要布置，因此层园附近有"郭婆井"。

其二，在上述关于"高卑"选址构屋思考的基础上，李渔历次的造园都是"择坡地"。伊园选址故乡兰溪夏李村伊山头，芥子园选址南京周处台附近老虎头，层园选址云居山东麓半山腰，这是李渔坡地造园选址习惯的延续。

其三，李渔在杭经营 11 年，长期居住在清波门附近，他日常陶然于吴山览胜，如北宋苏轼的"有美堂"，南宋"吴山八景"的"云居听松"以及延续至元的"金地笙歌"。此外，居西湖畔曾是李渔母亲生前之夙愿，他在《今又园诗集》序中说："家慈在日，泛湖而乐。指岸上居民曰：'此辈何修，而获家于此！'"

第二节　清代

一、陈淏子

1. 陈淏子简介

陈淏子，字扶摇，自号西湖花隐翁（图 4-8），约明万历四十年生，卒年不详，浙江杭州人，清代园艺学家，一生喜读书，爱栽花，据《花说堂刻本》记载明亡以后，陈淏子不愿做清朝的官吏，退归田园，从事花草果木的栽培和研究，并兼授徒为业，为使人们了解花卉种植的方法，他向花农、花友调查访问，并结合历代花谱的研究，于清康熙二十七年，写成《花镜》一书。正如陈淏子自己所言："余生无所好，惟嗜书与花，年来虚度二万八千日，大半沉酣于断简残编，半驰情于园林花鸟，故贫无长物，只赢笔乘书囊，恍有秘函，所载花经、药谱。世多笑余花痴，兼号书痴。噫嘻，读书乃儒家正务，何得云痴！至于锄园、艺圃、调鹤、栽花，聊以息心娱老耳。"

图 4-8　陈淏子

2. 陈淏子的《花镜》

（1）《花镜》概述

《花镜》是我国最早、最宝贵的一部有关观赏植物的专著（图 4-9），曾有《秘传花镜》《园林花镜》《百花栽培秘诀》《群芳花镜全书》等诸多美名。全书共分 6 卷，约 11 万字，卷一"花历新栽"，除占验和占候外，授时部分共分 10 项，列举各种观赏植物栽培的逐月行事。卷二"课花十八法"，主要记述观赏植物栽培原理和管理方法，汇聚了历代劳动人民的宝贵经验，是全书的精华，也是陈淏子毕生心血的总结。卷三"花木类考"、卷四"藤蔓类考"、卷五"花草类考"，着重叙述各类花木的名称、形态、生活习性、产地、用途及栽培，其中卷六还附记了一些观赏动物，包括禽、兽、鳞、虫等 45 种。

图 4-9　陈淏子的《花镜》

《花镜》中所记载的观赏植物共计 352 种，包括果树 61 种，蔬菜 14 种，其中还包含一些重要植物品种的栽培与利用，如梅有 21 个品种，牡丹 131 个品种，芍药 88 个品种，兰花 35 个品种，莲花 22 个品种，菊花 152 个品种，荔枝 75 个品种，可见我国古代观赏植物的品种已极为丰富。书中以观赏植物为主，故注重描述植物的体型、姿态、花色、芳香等一系列观赏特性，如植物的青枝绿叶利于创造心境平和、神清气爽的园林环境；红花金果让人精神振奋，情趣盎然；植物香味具有清香舒心、美妙宜人的功效。

陈淏子关于植物造景的理念，与传统园林的营造一脉相承，认为应与画论一致，以简约取胜，树木种植应宜少量丛植为好，精心搭配，布局妥当，真正做到"山借树而为衣，树借山而为骨，树不可繁，要见山之秀丽，山不可乱，须显树之光辉"，如梅可在名园、古刹之中，取横斜疏瘦与老干枯株，以为点缀。另有"课花十八法"中的"种植位置法"，亦是关于园林营造的精辟论断："草木之宜寒、宜暖、宜高、宜下者，天地虽能生之，不能使之各得其所，赖种植位置之有方耳。如园中地广，多植果、木、松、篁；地隘，只宜花草药苗。设若左有茂林，右必留旷野以疏之；前有芳塘，后须筑台榭以实之；外有曲径，内当垒奇石以邃之。"由此，园林空间实则虚之，虚则实之，形式丰富多样。

陈淏子对于植物的四季之景领悟颇深，即通过借助自然气象的变化和植物自身的特性营造出春夏秋冬不同的效果，这也是传承至今的植物造景手法，《花镜》中描述春有"梅呈人艳""柳破金芽""海棠红媚""兰瑞芳夸""梨梢月浸""桃浪风斜"；夏有"榴花烘天""葵心倾日""荷盖摇风""杨花舞雪""乔木郁翁""群葩敛实"；秋有"云中桂子""月下梧桐""篱边丛菊""沼上芙蓉""霞升枫柏""雪泛荻芦"；冬有"蜡瓣舒香""窗外松筠""檐前碧草"，四季有景，景色宜人。

另有植物内涵寓意的描述，如冬青，有吉祥之意，故杭州各街市、房屋旁多有种植；枫香，象征鸿运，且"枫"与"封"同音，故有"受封"的意思，汉朝宫殿前多植枫香，故后人在文章中称"枫宸"特指皇帝居所；茱萸，民间有"插茱萸，避恶气"之风俗；槐树，民间俗语有"门前一棵槐，不是招宝就是进财"之说法，故陈淏子认为可在庭院中种植三株槐树，"取三槐吉兆，期许子孙三公之意"。

（2）《花镜》的价值

以前的农书，都以棉、麻、蚕、桑等粮食作物为主要内容，《花镜》则专论观赏植物，并兼果树栽培，内容丰富、体系完善，所列技术精巧且实用，至今仍具有重要的指导意义。

与陈淏子同时代的学者丁澎评价《花镜》说："若王方庆《园庭花木疏》、刘杳《离骚草木疏》，犹憾其未详尽，且未及禽、鱼为欠事。《群芳谱》诗文极富，而略种植之方，今陈子所纂《花镜》一书，先花、木，而次及飞、走，一切艺植，驯饲之法，具载是编，其亦昔人禽经，花谱之遗意欤？吾知其事虽细，必可传也。"另一位清代学者张国泰评曰："将见是编（指《花镜》）一出，习家之池馆益奇，金谷之亭园备美。百卉争暄，别饶花药，繁葩竞露，倍结英华。"当代学者夏金林也说："陈淏子《花镜》论述的观赏植物采用了实用分类法，即按其观赏价值分别归入花木类和花草类，两类之间又分出藤蔓类，这样将花木植物分科所属，是古农书缺少的。"英国的李约瑟也曾说到，当时欧洲一些人忙于自然现象的研究，其中很多人得到了实验上的数据，从而"自然而然地为不可思议的数学公式化准备好了条件"。在中国也有一批同欧洲极为相似的人，如宋应星、李诚、李时珍、陈淏子……不管哪一个领域，都有相似的情况。实际上，陈淏子的花木研究及获得实验上的数据，"和欧洲文艺复兴运动后发展起来的近代科学研究方法是一致的"，李约瑟称陈淏子为中国的园艺家。

二、康熙

1. 康熙简介

康熙，爱新觉罗·玄烨，清圣祖（图4-10），奠定了清朝繁荣兴盛的根基，开创了康乾盛世的局面。康熙六次南巡，其中五次都以杭州为目的地，据他的《巡幸杭州诗》云："东南上郡古临安，亲采风谣一省观。翠岫笼葱犹舞凤，羽旗简约不鸣銮。春晖草木江山丽，户满弦歌雨露宽。德化远敷吾未信，如何夹道万声欢。"可见，康熙早就风闻临安（今杭州）是"东南上郡"，想轻车简从，亲自来实地"省观"。他来之前，对清政府的"德化"政策能否影响到杭州尚有疑虑，只是到了杭州后，亲见亲闻这秀丽江山、户满弦歌，并受到万民夹道欢迎而深感欣慰。由此，他不顾路途遥远，五下江南，可见对江南景色和江南文化极为喜爱。

图4-10 康熙

2. 康熙行宫

康熙二十八年，康熙初巡杭州，驻跸于太平坊行宫，旧为织造府（今杭州市上城区惠民路、后市街西）。到康熙四十五年，织造孙文成增葺扩建太平坊行宫，规制整肃，禁御森严，外列百官朝房，北向开浚城河以通达涌金水门，供御舟下湖。康熙四十四年，浙江巡抚奏准在孤山之南选址建造行宫（今中山公园、浙江博物馆处）。行宫位于地形平坦处，坐北朝南，南面临西湖设码头，整体分为宫殿区和花园区两大部分，宫殿区采用院落式布局，有明显的中轴线；花园区位于宫殿区北面，占地面积较大，以孤山为背景，正中开挖水体，堆叠假山，内置花木，形成优美的园林景观，且花园边界围墙置于后山之上，顺应地势，多有起伏。康熙南巡来杭，在此驻跸十天，并提额书联，吟咏诗词。后雍正年间，浙江总督李卫奏请改孤山行宫为圣因寺（图4-11）。

图4-11 《浙江通志》中的圣因寺图

3. 西湖览胜与咏诗

康熙五次来到杭州都去了西湖，走遍了西湖的山山水水，足迹所到之处留下了大量的诗篇。他对西湖风景、水态山光做了尽情描绘，对"风光被草木，无处不成欢"的景色无限眷恋，自称在湖上有"五遍之乐"，同时也使"西湖名胜益大著于天壤之间"，名扬海内外，其后的乾隆南巡也效仿康熙，在西湖的所到之处皆题咏诗词，流传至今。如《泛舟西湖诗》："一片湖光潋滟开，峰峦三面送青来。轻舟棹去波添影，曲岸移时路却回。春色初摇堤上柳，惠风正发寺边梅。此行不是探名胜，欲使阳和遍九垓。"《西湖再作》："面面山容澹，盈盈水态清。流文萦杰阁，波影荡高城。燕舞知迎棹，花低解避旌。乘春弘沛泽，随地稔民情。"

康熙三十八年，康熙第二次巡杭，为"西湖十景"分别御书景名，御书皆勒石立碑，建御碑亭。其中"平湖秋月"，南宋时以泛舟西湖、观赏秋夜月景为胜，所以平湖秋月并无具体地点。康熙皇帝考察后亲定孤山东南角临湖水院为平湖秋月所在地。水院整体建于湖水中，由中部长方形的水池和四面环绕的建筑物构成，此处恰是自湖北岸临湖观赏西湖水域全景的最佳地点：高阁凌波，绮窗俯水，平台宽广，视野开阔，但见皓月当空，湖天一碧，金风送爽，月光、月影、四季之秋景与媒介物西湖水相结合，形成月印水中，水月相融，"一色湖光万顷秋"之景，同时，最为平静清澄的湖水和最为洁净无瑕的秋夜明月景观，象征着文人士大夫追求品性高洁的审美精神（图4-12）。

图4-12　平湖秋月现状

三、李卫

1. 李卫简介

李卫（1687—1738），字又玠（图4-13），江南铜山人（今江苏徐州丰县大沙河镇李寨），清代名臣。雍正三年至八年李卫调任浙江巡抚，后升任总督。在浙期间，李卫治海塘，筑湖堤，惩贪官，清积欠，多行善，济危困，赈灾难，劝农商，使浙江经济为之改观。除戡治盗贼、兴修水利外，在修复西湖名胜方面，他的功绩堪比白居易、苏东坡、杨孟瑛及阮元等人，对西湖园林建设做出了重大贡献。

图 4-13　李卫

2. 李卫与西湖

（1）疏湖修堤

雍正四年，李卫和盐驿道副使王钧续浚西湖，历时两年，共耗银三万七千六百余两，疏通淤浅葑滩三千一百多亩，使西湖面积扩大了二十余亩。雍正五年，又在金沙港、赤山埠、丁家山、茅家埠各筑一座石堰，以拦截泥沙入湖。雍正六年，修钱塘江堤七百三十丈。雍正七年，修整北新关一带塘岸。雍正九年，在徐村、梵村等处修筑坍裂江塘三百五十余丈。此外，李卫还捐俸重修拱宸桥、老梧桐桥、众安桥，新建仓桥，这些举措不仅造福了百姓，也大大改善了西湖景观面貌。

（2）修筑景点

西湖园林继南宋之后在清初再次达到鼎盛，《湖山便览》中记载："雍正间，总督李卫浚治西湖，缮修胜迹，复增西湖一十八景。"这十八景中的十景就是经李卫修复或开发而成的，可见李卫对此功不可没。

雍正五年，李卫上疏："西湖有圣祖南巡行宫，不敢改作别项公所，奏请定名，延高僧主持。"获准后，改康熙行宫为圣因寺。同年，李卫又在小瀛洲重建水心保宁寺，从寺前至三潭印月亭筑曲桥朱栏，三折而入画轩，并建长廊、水榭，环植芙蓉，使景天人合一。同时在孤山路口的水仙王庙旧址改建精舍，并辟莲池数亩，秋后荷香四溢，成临湖赏荷佳处。是年，雍正追封钱镠为诚应武肃王，李卫修钱王祠（旧名表忠观），祠前建功德石（牌）坊。

雍正六年，李卫在玉泉建洗心亭，回廊曲槛，凭栏观鱼，游鱼历历可数。吴山火德庙前有十二俊石，玲珑瘦削，人称巫山十二峰（俗名十二生肖石），李卫建亭其上，题额曰"巫峡峰青"。

雍正七年，李卫在孤山宋太乙宫挹翠堂遗址建西爽亭，在孤山之巅建四照亭，上悬雍正书匾"云峰四照"。当时万松岭已"平为大涂，而松亦无几"，李卫派员整治，补植松树万余株，尽复"天风击戛如洪涛澎湃"之旧貌。

雍正九年，李卫重修岳庙，在庙前甬道临湖处建石牌坊，题额曰"碧血丹心"。在丁家山开辟一条山路，山顶上建八角亭，与近旁形似芭蕉之秀石相配成景，人称"蕉石鸣琴"（图4-14）。

图4-14 《南巡盛典名胜图录》中蕉石鸣琴界画

同年，李卫因港中沙滩成平陆，筑成堤以通里六桥，与苏堤之东浦桥纵横相接，以达金沙港，此堤之长，宽三丈余，长六十三丈，中建石级三孔拱桥一座，曰玉带桥，桥畔遍植花柳，桥上覆以歇山顶重檐四角红亭，翼以丈石雕栏，石级分两行，中为斜坡而无级。昔时，湖上诸桥无及其宏丽者，到了晴日，阳光照临，远望如长虹横亘天际，人称"玉带晴虹"，今亭已不存。后人称此堤为"李公堤"。

同年，李卫在栖霞岭南麓，金沙涧旁建湖山春社，为清西湖十八景之首（图4-15）。李卫认为，凡是上等的、拥有美好景色的山川河流，都对应着上天的星宿，那么如此看来，西湖肯定也有对应的宿主，这其中的精华，显现在西湖的一草一木上。西湖自正月到十二月，每月都有盛开的植物，这样看来，这些植物一定也有上天的庇佑。所以李卫在湖山春社内奉湖山正神，旁列十二月花神，又在庙宇旁修建了"竹素园"，园内引桃溪之水，注曲环注，仿古人流觞之意，临水筑亭，亭西置舫斋，回临花舫，迤南为水月亭，后为楼阁，曰"聚景"，最后为观瀑亭。湖上泉流之胜，以此为著。俞曲园题联曰："翠翠红红处处莺莺燕燕；风风雨雨年年暮暮朝朝。"每至清明时节，杭城士女聚集于此画鼓灵箫，喧阗竞日。

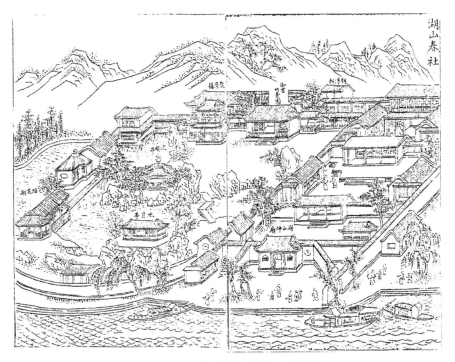

图 4-15 《西湖志纂》中湖山春社界画

另涌金门北水流弯曲之处，原有黑亭子称亭子湾，清时为较阅射亭之所，景名"亭湾骑射"。李卫重建后称集贤亭，下有明沟二道，一名"集贤水笕"，一名"集贤后闸"，引湖水入城灌六井、通清河。

（3）修编《西湖志》

雍正十三年，李卫身在直隶，仍不忘杭州，奏准由他主持修编《西湖志》（图 4-16）。这是第一部全面介绍西湖山水地舆、名胜古迹、乡贤前修、名人逸事的志书，为后人留下了璀璨的文化瑰宝。《西湖志》包容的范围，从西湖扩展至天竺、云栖、西溪等地，不仅详述湖光山色等自然景观的美，且涵盖著名园林建筑等人文景观，如里西湖的玉带桥、孤山的放鹤亭、钱王祠的石牌坊等，使西湖的自然美和人文美融为一体，西湖变得更为灵动了。《西湖志》除介绍西湖十景外，又另辟西湖十八景，即湖山春社、功德崇坊、海霞西爽、莲池松舍、玉带晴虹、蕉石鸣琴、宝石凤亭、玉泉鱼跃、凤岭松涛、亭湾骑射、湖心平眺、鱼沼秋蓉、梅林归鹤、天竺香市、韬光观海、云栖梵径、吴山大观、西溪探梅，都做了详细的介绍和阐述。

图 4-16　李卫主持修编的《西湖志》

四、乾隆

1. 乾隆简介

乾隆，爱新觉罗·弘历，清高宗（图 4-17），喜好江南文化，曾效仿康熙南巡，六次下江南，均到杭州，对社会各界均产生了重大影响，其中对杭州清代园林的发展更是起到了极大的推动作用，留下了许多珍贵的文化遗产，成为杭州城宝贵的资源。正如《西湖志纂》中所评价道："（乾隆）省方幸浙，驻跸西湖，敕几之暇，探奇揽胜，亲洒奎章，昭回云汉，而西湖名胜益大著于天壤之间，呈亿万年太平景象，诚自有西湖以来极盛之遭逢也。"

图 4-17　乾隆

2. 乾隆行宫及其八景

关于乾隆西湖行宫的兴建，在《清实录》中有如下记载："军机大臣会同浙江巡抚永贵议奏：明岁南巡浙省，所有杭州织造署中行宫，有圣祖仁皇帝龙牌，供奉行宫西首殿内，殊非敬谨之意。今议将织造移驻裁存盐政衙署，就现在行宫，量加修葺，敬于宫后建楼，供奉龙牌，似协体制。至西湖行宫，已奏改佛寺，内供奉圣祖仁皇帝龙牌，亦在西偏，应请敬移于旧寝宫内供奉。其迤西一带，屋基甚宽，应并寺后山园，酌量划出，另建行宫。但就现在房屋，相度形势，从俭办理。"

　　西湖行宫位于圣因寺西侧，因紧邻圣因寺，故称"圣因行宫"，依据《南巡盛典名胜图录》中的界画可知，圣因行宫，分为宫殿区和后花园两大部分，宫殿区位于孤山南麓地形平坦处，背靠孤山，临水布置，建筑群形成明显的中轴线，整体气势恢宏，符合皇家规制。后花园位于宫殿区北面，恰好利用原有山体，布置得极为巧妙，前有山脚处的鹫香庭、玉兰馆，后有山腰处的瞰碧楼、领要阁，再由绿云径至山顶处的四照亭，各类园林建筑在绿树掩映下错落有致，层层而上，整体游线完整流畅，各类山林美景尽收眼底。行宫八景为乾隆皇帝亲题，概括了行宫花园的精华所在，八景排序依次为：四照亭、竹凉处、绿云径、瞰碧楼、贮月泉、鹫香庭、领要阁、玉兰馆（图4-18）。从几处景观的题名就可看出，行宫花园在意境上更多追求文人趣味和士人山林意象，"八景"袭取了士人山林表象，将历代精华之典为我所用，形成盛清园林艺术主题运用和经营的主旨。

图4-18 《西湖志纂》中的行宫八景图

　　鹫香庭，取自唐宋之问《灵隐寺》中的"桂子月中落，天香云外飘"，而"月中桂"来自灵隐寺的桂花传说，唯灵隐灵鹫山（即飞来峰）中有之，故名"鹫香"，又有御制诗"山水清晖蕴，挺生仙木芳。徒观叶蔚绿，因忆粟堆黄。雅契惟期月，敷荣却待凉。何当秋宇下，满意领天香。"等诗文描绘这一处的美景，园景的营造与诗文的撰写相辅相成，既将诗文作为园林构图之本，又利用文学品题将园林景观诗化。鹭香庭以孤山山岗为背景，房前遍植桂花，金秋时节桂花飘香，若恰逢中秋，赏花与赏月同行，花香因夜间花露更加沁人心脾，营造出芬芳喜悦的秋景；玉兰馆，与鹭香庭相近，堂前多植白玉兰，花开时节，远望如琼枝玉树，营造出清新雅致的春景；贮月泉，位于山崖凹地中，三面为崖壁石景，一面为宫苑围墙，整体环境较为幽闭，有泉自崖间出，汇为曲池，池面不大，水清且浅，旁植松树、梅花，月光、树影倒映于水中，更显静谧氛围。同是借景月光、月影，此处所营造的景观与平湖秋月截然不同，一为"奥"，一为"旷"，一适合独玩，一适合众赏，从而游赏心境也各不相同；竹凉处，在原有松林的基础上，种植了万竿绿竹，其间夹杂着各类怪石，形成清阴茂密的环境，其中夏季竹林雨后初晴的景色尤为让人心动，日光从竹叶的缝隙中漏射下来，留下几处斑驳光影，竹叶上挂落的水滴隐藏着翠竹的清香，鸟语山幽，清凉如玉的夏景扑面而来；绿云径，园路选择修筑于孤山山岗之上，这里花木繁茂，古藤攀缘于古木之上，青苔嵌于奇石之间，行走于此，枝条叶片的空隙处可以隐约欣赏到西湖南、北两侧的景色，清风拂过，人语声隐隐约约，不费人工之事，即可营造出远离嚣纷的世外之境；四照亭，遗址位于孤山最高处，与北面葛岭遥相呼应，迎四面之风，看山光塔影，长堤卧波，倒漾明湖，领略"面面有情，环水抱山山抱水"的情趣；瞰碧楼，位于孤山南麓山腰，以竹林为背景营建小楼，近可看绿树繁花，远可眺湖光山色，雨天晴天皆可在此赏景，仰俯俱有不同景致。

3. 西湖十八景

雍正朝时，浙江总督李卫根据康熙游赏之处并增加整修景点，列为"西湖十八景"。至乾隆时，西湖十八景有所更改，最终定为：吴山大观、湖心平眺、湖山春社、浙江秋涛、梅林归鹤、玉泉观鱼、玉带晴虹、宝石凤亭、天竺香市、云栖梵径、蕉石鸣琴、冷泉猿啸、凤岭松涛、灵石樵歌、葛岭朝暾、九里云松、韬光观海、西溪探梅（表4-3）。

表4-3　清西湖十八景主要内容

名　　称	景　　址	审美主题	景点要素
湖山春社	岳王庙西南处、栖霞岭南麓	四季花卉、花神文化、曲水流筋	竹素园、湖山神庙
浙江秋涛	钱塘江一带	钱塘江潮水	堤岸
玉带晴虹	曲院风荷景区	疏林淡抹可望、舟楫欸乃可闻、一蓑烟雨可亲、红莲碧藻可餐、碧血丹心可怀	玉带桥
冷泉猿啸	飞来峰北麓呼猿洞	冷泉水、猿鸣声	山峰
梅林归鹤	孤山	林逋的隐逸文化	放鹤亭、梅花
灵石樵歌	灵石山、棋盘山一带	樵夫伐木山间，空谷回响	奇石、瑞光、声景
葛岭朝暾	宝石山和栖霞岭	观日出	初阳台

名　称	景　址	审美主题	景点要素
宝石凤亭	宝石山	宝石山的整体风貌	来凤亭、保俶塔
凤岭松涛	万松岭	成片松林景观	松树
蕉石鸣琴	丁家山	自然山石景观	奇石、八角亭、观西湖全景
玉泉观鱼	杭州植物园内	鲤鱼戏水	鱼、玉泉水
九里云松	洪春桥至灵隐合涧桥前一段	路旁成片松树	松树
湖心平眺	西湖中心	四面临水览西湖全貌	翼以雕栏、花柳掩映、上为岑楼、后为水轩
吴山大观	吴山最高处紫阳山	吴山的整体风貌	大观台、"第一山"石刻
天竺香市	天竺三寺	香客焚香燃烛,叩头拜佛	成群香客、香烛
云栖梵径	五云山山坞	"绿、清、凉、静"四胜而著称	竹
韬光观海	韬光寺	登高观海	韬光观海楼
西溪探梅	西溪	赏梅	梅花

4. 仿造江南名园

乾隆南巡后,还下令仿造江南名园。在圆明三园内指定区域修葺冠以江南名园名称的园林,如瞻园(南京)、小有天园(杭州)、安澜园(海宁)、狮子林(苏州)等,以示他对江南的怀念。皇家园林长春园中建造的小有天园,是圆明三园中第一次明确完整仿制江南名园的实例,此园通过微缩的手法,模仿建造了其原型杭州汪氏园。另有圆明园中仿建的海宁安澜园,乾隆以此写了一篇《安澜园记》,希望百姓远离江河湖海泛滥之苦。乾隆十九年为祝皇太后寿辰,乾隆命人在北京万寿山大报恩延寿寺西空地建五百罗汉堂,"以肖钱塘云林(灵隐寺)、净寺",并亲撰《万寿山罗汉堂记》。由此,江南私家园林、寺庙园林的营建手法在北方广为流传。

五、阮元

1. 阮元简介

阮元(1764—1849),江苏人,清朝著名的大学者、大官僚,饱读诗书,进士出身,官至体仁阁大学士(图4-19)。他又工隶书、精古籍,在金石考据、经学、数学等方面颇有造诣,是个才通六艺的一代大师。阮元是清代扬州学派的中坚人物,为我国的学术、文化和教育事业做出了重要贡献。他曾先后担任浙江学政、巡抚,与杭州颇有渊源。他在西湖之滨、白堤尽头所创建的诂经精舍,在振兴浙江文教事业和推动晚清学术发展方面功绩卓著。

图 4-19　阮元

2. 阮元与诂经精舍

　　嘉庆二年，阮元任浙江学政，在杭州孤山南麓构筑了 50 间房舍，组织文人学子编成了《经籍纂诂》这一规模宏大的古汉语训诂资料汇编。及嘉庆六年，阮元奉调抚浙，遂将昔年纂籍之屋辟为书院，选拔两浙诸生好古嗜学者读书其中，题其额曰"诂经精舍"。其目的是培养经世实用之人才，同时又在西侧修建了第一楼，作为生徒游憩之所。

　　从此，风景秀丽的西湖北岸有了一所治学诵读之"诂经精舍"，恰与南岸的"万松书院"遥相呼应。"诂经精舍"的位置应该在如今"西泠印社"的范围内，在月洞门的西侧另有一座别致的小楼，为晚清学者俞樾的故居，称作"俞楼"，如今为俞曲园纪念馆。跨入园洞门，是个精致的庭院，想来这里应该曾是"诂经精舍"学员们的活动场所。"诂经精舍"于 1904 年停办，而这一年正好是"西泠印社"成立之际。

3. 筑阮公墩

　　阮元在杭 12 年，修缮名胜和疏浚西湖，其中最为出名的是立于西湖中的阮公墩。同白居易、苏轼等先贤一样，阮元筑阮公墩，并非为游乐，而为治理西湖。阮元于 1801 年由京官改任浙江巡抚，此时离李卫治湖已过去 70 年，西湖又逐渐淤塞，于是阮公报奏朝廷批准，调动万余民工，花了两年时间，浚湖挖泥筑成一个面积约 9 亩的湖中小岛，后人为纪念浚湖筑岛之带头人，遂将此岛称之为阮公墩。西湖上本已有小瀛洲和湖心亭，阮公墩与这二者形成三岛稳定的湖中风光。阮元在《西泠怀古集》一书之序言中解释了他筑此岛的缘由，他说："北山至南山，相距十里，湖面空旷，三潭以南，遇风乍起，无停泊处。适浚湖，因仿东坡筑堤之法绩葑为墩，为游人舣舟之所。郡人植芙蓉其上，呼为阮公墩，以比安石东山，则余不敢当也。"

　　清代兵部尚书彭玉麟退居杭州时，想在阮公墩筑墅，岂料基脚挖不到底，系人工所造之土墩太松软，用篙都能全插进去。他只好作罢，笑道："阮公墩不愧软功墩也！"后经百年风化，加高扩充，植树造堤，阮公墩由软变硬，而今该岛筑有云水居——环碧小筑，柱上挂有阮元所作楹联："胜地重新在红藕花中绿杨阴里，清游自昔看长天一色朗月当空。"当今的阮公墩声名鹊起，阮墩环碧成了西湖新十景之一（图4-20）。

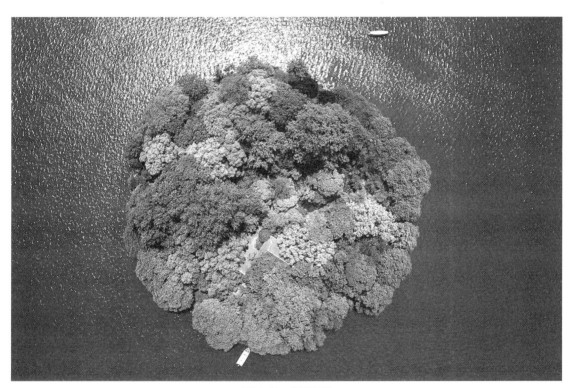

图4-20　阮墩环碧

第 五 章

明清杭州私家园林

杭州私家园林最早可追溯到唐代，发展于北宋，兴盛于南宋，《江南园林志》中说"宋南渡后，湖山歌舞，粉饰太平，三秋桂子，十里荷花，杭州蔚为园林中心。除聚景、真珠、南屏、集芳、延祥、玉壶诸御园外，私家园亭，为世所称者，据《湖山胜概》所载，不下四十家。"元代统治者将南宋灭亡的原因归咎于西湖的暖风微醺，故对西湖废而不治，杭州私家园林在这一时期也陷入沉寂。但是到明清时期，杭州私家园林又迎来了新的生机，在数量和质量上都有显著的发展。

第一节　明清杭州私家园林概况

一、明代杭州私家园林发展概况

元明易代，明初战争初停，明太祖朱元璋颁布了移民、重赋等不利于杭州经济恢复的政策，再加上严格的房屋等级制度，以及针对园林营造出台的《禁缮令》，使得明初杭州私家园林依旧处于低谷状态。而后，惠宗、仁宗、宣宗等皇帝宽仁尚德，削减了江浙一带的田赋，并修改屋舍等级制度，逐渐宽松的政策环境让杭州私家园林数量逐渐回升。到明朝中后期，经济的繁荣、商业的发达，人民物质财富的极大富足，促使杭州的达官贵人、富商巨贾和文人士大夫开始享受生活，一掷千金营造私家园林，以满足本人穷奢极欲的享用；与此同时，杨孟瑛疏浚西湖使之恢复唐宋之旧，为私家园林营造奠定了良好的基底。晚明是明代政治最为黑暗的时候，但也是文人思想最为自由、行为最为放纵的时代。文人思想的活跃促进了园林书籍的问世，《园冶》《长物志》等造园著作相继出版，《西湖游览志》《西湖志类钞》《西湖梦寻》等书籍向大众介绍了西湖美景，打响了杭州这个旅游城市的知名度，吸引了文人墨客竞相前往。与此同时，不少文人官员厌倦官场，解官归隐避世，使得隐逸之风和好游之风达到新的高潮。但游山玩水并非日日可行之事，于是这些文人士大夫在西湖依山傍水处构筑山庄别墅，建造属于自己的私家园林，日日可享山水之乐。故而明代中后期杭州私家园林兴建蔚然成风，自南宋后再次达到高潮（表5-1）。

表 5-1　明代主要私家园林一览表

序号	名　称	园　主	时　间	园　址
1	南屏别墅	莫维贤	明初	慧日峰下
2	藕花居	广衍	洪武中期	净慈寺前、雷峰山湖滨
3	西岭草堂	钱塘泯上人	洪武中期	郡城之东
4	兰菊草堂	徐子贞	洪武初年	城东
5	冷起敬隐居	冷谦	明初	吴山
6	泉石山房	郝思道	明初	吴山
7	鹤渚	孙一元	弘正年间	雷峰下湖滨
8	高士坞	孙一元	弘正年间	莲华洞西
9	齐树楼	方豪	正德年间	石屋岭
10	郑继之寓居	郑善夫	正德年间	龙山
11	洪钟别业	洪钟	明中前期	西溪
12	两峰书院	洪钟	明	涌金门外
13	于谦故里	于谦	明中前期	祠堂巷
14	金衙庄	金学曾	万历年间	城东
15	近山书院	金璐	明	孤山
16	来鹊楼	张文宿	明	钱塘门稍北
17	钱园	钱麟武	明	涌金门外
18	东园	莫云卿	明	望江门内
19	城曲草堂	蓝瑛	明	横河桥旁
20	寓林	黄汝亨	明	南屏山小蓬莱遗址
21	小辋川	吴大山	万历年间	葛岭
22	大雅堂	高应冕	明	孤山麓
23	包衙庄	包涵所	明	雷峰塔下
24	查伊璜住所	查伊璜	明	铁冶岭东
25	青莲山房	包涵所	明	莲花峰
26	岣嵝山房	李芨	明	灵隐韬光山
27	巢云居	洪瞻祖	明	西泠桥附近
28	孤山草堂	冯梦祯	万历三十一年	孤山之麓

序号	名　称	园　主	时　间	园　　址
29	吴宅	—	万历年间	岳官巷
30	读书林	虞淳熙	明	南屏山回峰
31	南山小筑	李流芳	明	雷峰
32	烟水矶	张瀚	明	曲院内
33	小瀛洲	商周祚	明	问水亭南
34	楼外楼	祁彪佳	明	问水亭南
35	尺远居	徐武贞	明	涌金门外
36	池上轩	黄元辰	明	涌金门外
37	芙蓉园	周中翰	明	涌金门外
38	寄园	张元汴	明	涌金门外
39	戴园	戴斐臣	明	涌金门外
40	吴衙庄	吴氏	明	铁治岭
41	从吾别墅	林梓	明	葛岭
42	南岑别业	吴汝莹	明	玉岑山
43	凤山书屋	蒋骥	明	凤凰山
44	湖阁	陈青芝	明	孤山
45	香林园	苏仲虎	明	九里松
46	朱养心药铺	朱养心	明	大井巷
47	梧园	吴继志	明末	孩儿巷
48	药园	吴溢	明末	东城隅，与皋园相望
49	天香书屋	翁开	明末	葛岭之下
50	横山草堂	江元祚	明	横山六松林畔、钱村妙静寺东
51	士隐君山斋	王隐君	明	风篁岭
52	龙泓山居	闻启祥	明	龙井、风篁岭
53	葛寅亮宅	葛寅亮	明	南屏山
54	树栾庐	陈慎吾	明	近太子湾
55	山满楼	高濂	万历年间	跨虹桥东
56	朱草山房	张慕南	万历年间	铁治岭
57	石悟山房	陈椒堂	明	铁治岭

序号	名　称	园　主	时　间	园　址
58	毛家花园	毛文龙	明末	铁冶岭侧枫岭
59	延爽轩	孔尚友	明末	枫岭
60	石园别业	沈大匡	明末	瑞石山下
61	西溪草堂	冯梦祯	明	西溪
62	龙门草堂	屠贵	明	龙坞山
63	春星堂	汪汝谦	明	缸儿巷
64	洪氏别业	洪澄	明	孤山之阳
65	蝶庵草堂	江浩	明	西溪横山

二、清代杭州私家园林发展概况

由于明清易代的战争，杭州不少园林毁于战火。张岱在《西湖梦寻》里说："如涌金门商氏之楼外楼、祁氏之偶居、钱氏余氏之别墅及余家之寄园，一带湖庄，仅存瓦砾……及至断桥一望，凡昔日之弱柳夭桃、歌楼舞榭，如洪水淹没，百不存一矣。"但是杭州的园林营造活动并未就此停歇。明朝灭亡后，不少汉人无法接受满人统治天下，有的以死明志，还活着的要么就回到自己的家乡，要么找个地方归隐，如吴本泰退隐来到西溪，在秋雪庵附近买下一座庄园，过起隐居生活，故而清初杭州私家园林营造活动仍在继续。到康熙中期，杭州的经济也恢复了，资本主义萌芽更为显著，康熙、乾隆两位皇帝南巡临幸杭州名景，推动杭州造园又达到新的高潮（表5-2）。到清代中后期，西方列强利用鸦片打开中国大门，使中国社会动荡不安，带来的西方文化也对中国传统园林文化产生冲击，使园林营造方式产生了变化，逐渐出现西式花园。文人士大夫那些清高、隐匿的思想也愈来愈淡薄，他们开始争逐名利、追求享乐。由于近代工业使商人赚得满盆钵，他们散尽千金营建自己的宅院，以达到聚客、炫耀自己财富等目的。这导致了传统"隐于园"的私家园林思想已然变成了"娱于园"的思想，园林营造陷入程式化，造园艺术与技艺已无创新，园林艺术逐渐衰落，杭州传统私家园林也逐渐走向没落。

表5-2　清代主要私家园林一览表

序号	名　称	园　主	时　间	园　址
1	弹指楼	吴本泰	顺治二年	西溪兼葭里，近秋雪庵
2	半亩居	周氏	顺治初年	近艮山门城东隅
3	紫阳别墅	周雨文	清初	紫阳山下太庙巷
4	玉玲珑馆	姚立德	清	横河桥前

序号	名　称	园　主	时　间	园　址
5	半山园	沈香岩弟子帷之	清初	庾园之北
6	庾园	沈香岩	顺治十四年	东城横河桥大河下
7	吟香别业	范承漠	清	孤山路
8	皋园	严颢亭	清初	城东隅清泰门稍北
9	江声草堂	金志章	清初	范（梵）村以西钱塘江畔
10	吴庄	吴姓官员	清初	茅家埠，于醉白楼修建
11	也园	叶菁	康熙初年	荐桥九曲巷
12	清风草庐	徐潮	康熙年间	圣因寺右
13	层园	李渔	康熙年间	云居山铁崖岭上
14	澄园	薛既白	康熙十六年	吴山螺蛳山之南
15	吴山草堂	吴璟符	清	吴山螺子峰
16	复园	汪煜	清	城北谁庵侧
17	息园	郑春荐	清	大井巷内环翠楼近山处
18	就庄	陈任斋	清	昭庆寺西、断桥东
19	雪庄	许承祖	乾隆六年	断桥之东、白堤之北
20	白云山房	翁嵩年	雍正元年	飞来峰之西
21	竺西草堂	张照	清	西溪
22	竹窗／高庄	高士奇	康熙年间	河渚前、西溪
23	赵庄	赵殿最	清	葛岭之麓镜水楼左
24	漪园	汪献珍	雍正年间	雷峰西
25	愿圃	顾且庵	清	武林城街北折西
26	黄雪山房	徐逢吉	清	清波门外学十港
27	丁家花园	丁阶	乾隆年间	奎恒巷
28	梁肯堂宅	梁肯堂	乾隆年间	海狮沟七龙潭
29	红柏山庄	王昙	嘉庆	西马塍，豪曹巷迤西
30	泊鸥山庄	陶篁村	清	葛岭麓
31	潜园	屠琴坞	清	张御史巷
32	晚钟山房	江兰	嘉庆九年	净慈寺西

序号	名 称	园 主	时 间	园 址
33	蕉石山房	李卫	雍正九年	丁家山
34	小有天园	汪之萼	清初	净慈寺西、南屏山麓
35	留余山居	陶骥	清初	南高峰北麓
36	留溪山庄	蒋炯	嘉庆年间	留下古镇市杪
37	春山堂	魏谦升	清	西马塍
38	南园	王见大	清	皮市巷
39	严庄	杨饰琦	清	葛岭下濒湖
40	葛岭山庄	沈氏	清	葛岭下濒湖
41	吴园	吴氏	清	吴山
42	宣园	—	清	吴山瑞石山麓
43	倪园	倪石鲸	清	吴山清平山
44	寒山旧庐	陆芑洲	清	瑞石山
45	丹井山房	—	清	葛岭下，门临湖面
46	长丰山馆	朱彦甫	清	涌金门外
47	胡雪岩故居	胡雪岩	同治十一年	元宝街
48	勾山樵舍	陈兆仑	清末	柳浪闻莺公园正门的对面
49	俞楼	俞樾	清末	孤山南麓、西泠印社旁
50	水竹居	刘学询	光绪二十四年	丁家山下
51	坚匏别墅	刘锦藻	清末	北山路，宝石山东南麓
52	杨庄	杨味青	清末	葛岭山麓濒湖处
53	南阳小庐	邓炽昌	清末	葛岭麓
54	小万柳堂	廉惠卿	光绪年间	花港观鱼之南
55	金溪别业	唐子久	光绪年间	金沙巷
56	红栎山庄	高云麟	光绪三十三年	花港观鱼侧
57	郭庄	郭士林	光绪三十三年	卧龙桥北（原端友别墅）
58	陈庄	陈曾寿	清末	苏堤小南湖旁
59	道村	刘更生	清末	金沙港
60	兰因馆	陈文述	道光中期	孤山（巢居阁西）

序号	名 称	园 主	时 间	园 址
61	右台仙馆	俞樾	清末	右台山麓
62	三台别墅	陈六笙	清末	三台山麓
63	停云湖舍	王文勤	清末	钱塘门外圣塘路
64	绿柔湖舍	张均衡	清末	断桥东
65	王文韶故居	王文韶	清末	清吟巷和杨绫子巷
66	宝石山庄	孙景高	清	宝石峰下
67	补读庐	葛安之	清	钱塘门外
68	振倚堂	汪宪	清	九曲巷

三、明清杭州私家园林特点

1. 园林选址，依山傍水

计成在《园冶》中将园林选址分为六类，即山林地、江湖地、城市地、村庄地、郊野地和傍宅地。杭州由于其"三面云山一面城"的自然环境，均能够满足这六种选址类型。在通过整理和归纳《西湖梦寻》《西湖游览志》《湖山便览》等有关明清杭州私家园林记载的古籍后，发现明清杭州私家园林选址多为山林地和江湖地。杭州西湖风景区举世闻名，优美的湖光山色吸引人们在此定居造园。自唐宋以来，杭州私家园林的选址大多于西湖边的江湖地，或者是周边的山林地，明清时期延续这一做法（图5-1）。山林地是园林选址的最佳选择，杭州私家园林依西湖群山而建，力求园林本身与外部自然环境相契合，园内园外浑然一体。江湖地选址最为讨巧，计成在《园冶·相地》篇中写道："江干湖畔，柳深疏芦之际，略成小筑，足徵大观"，杭州西湖边的私家园林即是如此，借西湖的山水之姿，只需稍加雕琢，即可塑造丰富的园林景观。据不完全统计，清代西湖周边私家园林有不下130处（表5-3），如被誉为西湖池馆中最富古趣者的郭庄，位于西湖西岸卧龙桥畔，东濒西湖，临湖筑榭，最大限度地将西湖美景纳入园内；又如清乾隆西湖二十四景之一小有天园，顺应地势筑于南屏山北麓慧日峰下，背山面湖，西临净慈寺，北临夕照山雷峰塔，将西湖十景"南屏晚钟""雷峰夕照"尽收其中。

表5-3 明清杭州私家园林选址类型汇总

选址类型	山林地	江湖地	城市地	村庄地	总计
园林数量	58	41	31	4	134
比例	43.3%	30.6%	23.1%	3%	100%

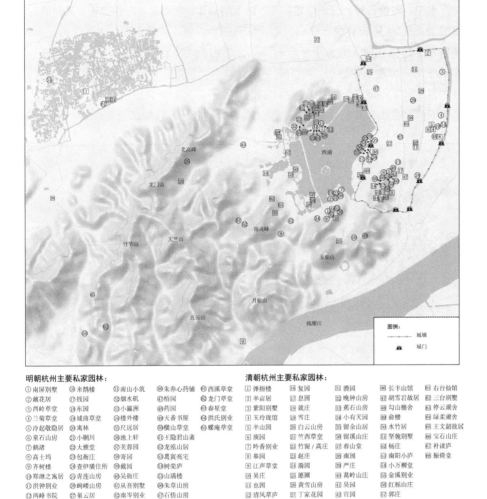

明朝杭州主要私家园林：
① 南屏别墅　⑯ 来鹊楼　㉛ 南山小筑　㊼ 朱养心药铺　西溪草堂
② 鹤花居　⑰ 钱园　㉜ 梧园　㊽ 榴园　龙门草堂
③ 西岭草堂　⑱ 烟水矶　㉝ 小瀛洲　㊾ 药园　春星堂
④ 兰若草堂　⑲ 城曲草堂　㉞ 楼外楼　㊿ 大香书屋　洪氏别业
⑤ 冷菊敬隐居　⑳ 寓林　㉟ 尺远居　横山草堂　蝶庵草堂
⑥ 泉石山房　㉑ 小螺川　㊱ 池上轩　王隐君山斋
⑦ 鹤渚　㉒ 大雅堂　㊲ 芙蓉园　龙泓山居
⑧ 高士坞　㉓ 包衙庄　㊳ 寄园　葛寅亮宅
⑨ 齐树楼　㉔ 查伊璜住所　㊴ 戴园　树荣庐
⑩ 郑维之寓居　㉕ 青莲山房　㊵ 吴衙庄　山满楼
⑪ 洪钟别业　㉖ 绚嶂山房　㊶ 从吾别墅　朱草山房
⑫ 两峰书院　㉗ 果云居　㊷ 南岑别业　石悟山房
⑬ 于谦故居　㉘ 孤山草堂　㊸ 孤山草堂　毛家花园
⑭ 金衙庄　㉙ 吴宅　㊹ 凤山书屋　延爽轩
⑮ 近山书院　㉚ 读书林　㊺ 湖阁　石园别业
　　　　　㊻ 香林亭

清朝杭州主要私家园林：
① 弹指楼　⑯ 复园　㉛ 潜园　长丰山馆　右台仙馆
② 半亩居　⑰ 息园　㉜ 晚钟山房　胡雪岩故居　三台别墅
③ 紫阳别墅　⑱ 就庄　㉝ 蕉石山房　勾山樵庐　停仔湖舍
④ 玉玲珑馆　⑲ 雪庄　㉞ 小有天园　俞楼　绿柔湖居
⑤ 半山　⑳ 白云山房　㉟ 留余山居　水竹居　王文韶故居
⑥ 庚园　㉑ 竺西草堂　㊱ 留溪山庄　坚瓠别墅　宝石山庄
⑦ 吟香别业　㉒ 竹窗/高庄　㊲ 春山居　杨庄　衬读庐
⑧ 皋园　㉓ 赵庄　㊳ 南园　南阳小庐　振倚堂
⑨ 江声草堂　㉔ 潇园　㊴ 严庄　小万柳堂
⑩ 吴庄　㉕ 愿阑　㊵ 葛岭山庄　金溪别业
⑪ 也园　㉖ 黄雪山房　㊶ 吴园　红栎山庄
⑫ 清风堂　㉗ 丁家花园　㊷ 宜园　郭庄
⑬ 层园　㉘ 梁肯堂宅　㊸ 倪园　陈庄
⑭ 漳园　㉙ 红柏山房　㊹ 寒山旧庐　道村
⑮ 吴山草堂　㉚ 泊鸥山庄　㊺ 丹井山房　兰因馆

图 5-1　明清时期杭州主要私家园林分布图

2. 布局自由，富有层次

　　计成在《园冶》里提到："故凡造作，必先相地立基，然后定其间进，量其广狭，随曲合方，是在主者，能妙于得体合宜，未可拘牵……园林巧于因借，精在体宜。"园林选址时相中的基地有方有圆，地势有平有斜，最重要是因地制宜，根据选址考虑园林布局。

　　大部分杭州私家园林不分布在城中，用地较为宽裕，故布局也较为疏朗，又有选址于山林地中的私家园林，由于原有地形较为丰富，故建筑多顺应地形，采用高低错落、自由分散的布局方式，多是何处景色优美、视野佳，便布置在何处，并不一定围绕着水系而分布，如明代的藕花居、快雪堂，清代的小有天园、留余山居、俞楼、紫阳别墅等皆是如此。特别是吟香别业（图5-2），据《湖山便览》记载："悉栽荷池中，周缭石垣，临池增建水阁，辅以舫斋，环以曲廊，左构重楼，后起高轩，遂成湖上胜地。"园林位于孤山东部，东面临水，又挖方池引西湖水入园内，园内建筑布置较为自由，散置于平坦地形处，隐约形成南北两个院落空间，此外，吟香别业又有小路通往后山，在山腰平坦处处筑有观景亭，既可纵览全园，又可赏西湖东侧美景，形成了不同的观景视角（图5-3）；又如留余山居，亭、楼、长廊依山势而建，在山最高处设望湖楼、望江亭，以纳西湖、钱塘江之景。

图5-2　《南巡盛典名胜图录》中吟香别业界画

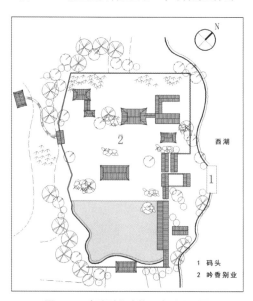

图5-3　吟香别业建筑、水系平面图

3. 掇山叠石，就地取材

杭州距离太湖相对较远，私家园林中所用的石材品种更加丰富，除太湖石外，还有广东的英石、安徽的宣石等，更有因地制宜，直接运用山中原有的石头进行造景。如郭庄、芝园、红栎山庄等建于平地上的私家园林多采用太湖石掇山叠石，而岣嵝山房、小有天园、吟香别业等则将山中的怪石、崖壁直接纳入园中。

在筑山方面，杭州私家园林内石峰较少，除了"绉云峰"外，少见大型的具有整体感的独块石料，多采用太湖石等小块石料堆叠而成假山，或是用"点石"的手法，结合植物配置零散布置一些石块，这类筑山手法与苏州私家园林类似，而不同之处在于部分杭州私家园林直接借助山林地内的山石群、洞穴、深岩、峭壁，稍加整理便作为园林内的山石景观，自然而富有野趣。如位于呼猿洞旁的青莲山房，《西湖梦寻》中描述："山房多修竹古梅，倚莲花峰，垮曲涧，深岩峭壁，掩映山林间"，说明青莲山房背倚莲花峰，架于曲涧之上，峭壁掩映，无丝毫人工掇山叠石，却将真山真石景观尽数纳入园中，风格各不相同。另有丁家山上李卫所筑的蕉石山房，《西湖志》有"舫前秀石林立，状如芭蕉"等描述，房前天然奇石林立，状类芭蕉，泉从石罅出，虢虢作声，演清漾碧。

4. 理水自然，形式多样

明清杭州部分私家园林理水喜好最大限度借用西湖的真山真水，且驳岸类型更加多样化、富有当地特色。如郭庄（图5-4），园林东面整体面向西湖开放，临湖处有码头，布置了乘风邀月轩、景苏阁等平台休憩空间，又引西湖水入园，由"两宜轩"分为南北两片水体，南面是模仿自然形态而建的"浣池"，池岸曲折蜿蜒，池边太湖石堆砌，与苏州私家园林理水形式十分相似；北面则是形态规则的"镜池"，池岸由石板堆砌，规则整齐，干净大气，陈丛周老先生称之为绍兴风格，实为延续了南宋的理水特点，水面更加开阔。

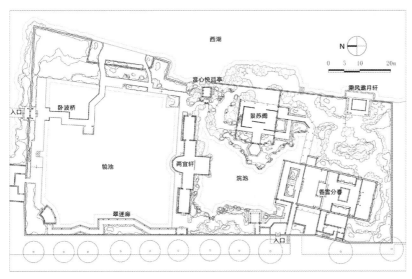

图5-4 郭庄水系平面图

还有部分私家园林建在西湖周围山林之中，理水的过程中常会用到山泉和溪流，由于地势的局限性和出于保留自然的原真性，一般不会进行人工大水面的开挖，水景的设计也就不同于苏州私家园林，没有起到统领全园的作用。古籍《西湖梦寻》中有许多相关记载，如描写青莲山房时，书中写道："倚峰跨涧，峭壁掩映，台榭之美冠一时"，又如对岣嵝山房的描写："明李芳造山房数楹，尽驾回溪绝壑之上，溪声淙淙出阁下。"还有《湖山便览》中对留余山居的描述："山阴陶骊，疏石得泉，泉从石壁下注，高数丈许，飞珠喷玉，滴崖石作琴筑声"，留余山居的水景为泉，泉水自山北侧疏石中流出，经石壁而下，高数丈许，飞珠喷玉，滴水成音。从这些描写中，可以想象当时这些园林隐于山林溪涧之间，不惹凡尘的绝美精致。

5. 植物配置，浑然天成

杭州西面山林遍布，植物资源丰富，奇花异草繁多，在植物配置上存在得天独厚的优势，可就地取材，多用乡土树种。另一方面，杭州自唐宋起，园林的营造多重视植物造景，尤其是南宋时期，作为南宋园林的精华所在，园林内部多以植物为主要内容，讲求种类多样、成片栽植、形式自然。明清杭州私家园林承袭南宋的植物营造手法，园中的植物种类与其他地区的私家园林相比有过之而无不及，基本的配置手法如孤植、丛植、群植等都与其他地区私家园林大体一致，但尤为关注片植，由于私家园林面积的局限性，这些片植的植物不一定位于园林内部，多是在园林周边，且不多加修饰，追求的是整体效果，成片植物景观又被借入园林内，使得园外与园内景色浑然一体，园中景致被无限放大，营造出宁静深邃的意境。如西湖湖畔的私家园林，常借景西湖内的大片荷花，无形之中增加了园内景观的丰富性，而山林中的私家园林常直接利用周围成片的山林景观，在林中筑亭、廊等游憩建筑，似乎整片山林都被纳入了园中，园林的范围被大大拓展开去。

第二节　名园分析

一、岣嵝山房

岣嵝山房位于灵隐韬光山下，是明代著名的私家园林，园主人李芳是位隐士，号岣嵝，著有《岣嵝山人诗集》四卷，所筑园林亦名为岣嵝山房。明代著名文学家、书画家、戏曲家、军事家徐渭，书画家、诗人陈洪绶，作家张岱等人都曾在岣嵝山房中读书。其中张岱在此读书最久，长达7个月，写下了散文《岣嵝山房小记》，记叙岣嵝山房绝尘脱俗的美好环境，由此让后人一窥岣嵝山房园林胜景。

岣嵝山房选址于灵隐韬光山间，青莲山房和飞来峰附近，倚着山峰、溪流，旁有苍劲的古松，四周树林郁郁葱葱，有山有水，环境极佳（图5-5）。韬光路旁小道蜿蜒曲折，由此进入可达山房，人们行走其间，看不清彼此面貌，选址之隐可见一斑。又有山民把山房附近作为集市所在，售卖瓜果、禽鸟，可见山房闹中取静，生活亦较为便利。

图 5-5　岣嵝山房周边现状环境推测

　　岣嵝山房背靠绝壁，建在回溪绝壑之上，有紫盖楼、翠雨阁、孤啸台、礼斗阁、香寻巢等亭台楼阁，皆采用木结构凌空架起，建筑之间采用木栈道相连，既不破坏自然环境，又可避免山间的潮湿，最大限度地与自然融为一体，此种手法与 20 世纪 30 年代名垂世界建筑史的流水别墅有着异曲同工之妙，一样建在山间溪流瀑布之上，溪水淙淙声，风入林啸声，林间鸟语声，声声入耳，可见园主人李茇的建筑才华丝毫不逊于建筑大师赖特。这里的水景采用原有自然之水系，基本没有人工干预，仅拦截了一段溪流用作养鱼。园主人用竹子剖开做成管道引来山中泉水做日常饮用，此种手法与日式园林中洗手钵的设置极为相似，取之自然，用之自然，成之自然。此处没有叠山置石，只借景原有山中怪石、崖壁，最大限度地回归自然。植物景观方面，园主人在原有山林的基础上，辟桃溪、茶坂、橘坡、梅坞，种植桃树、茶树、橘树、梅花，将植物景观与原有水景、地形相结合，丰富空间内涵，正好又合乎春夏秋冬四季之景，极为巧妙。韬光山中盛产的边笋、西栗，山间溪流中饲养的活鱼，自己门前种植的桃子、茶叶、橘子、青梅，再加上集市中售卖的土产，大自然的馈赠无比丰富，食物的味道又如此鲜甜，园主人的园居生活更是有滋有味，真正实现了天人合一的境界。

二、于谦故居

　　于谦故居现位于杭州市上城区清波街道清河坊社区祠堂弄 42 号，始建于明代，其园主人于谦为明代著名民族英雄，杰出的政治家、军事家。据《西湖游览志》等书记载，成化二年，杭城百姓为纪念这位勤政为民的清官，将其故居称为"怜忠祠"；弘治初年朝廷正式"敕建怜忠祠于故第"。

于谦故居位于闹市中，面积较小，约512m²，可分为三院：一院为入口小天井；二院为故居中心位置，有卧室和忠肃堂；三院为花园（图5-6）。故居整体风格简洁、大方。

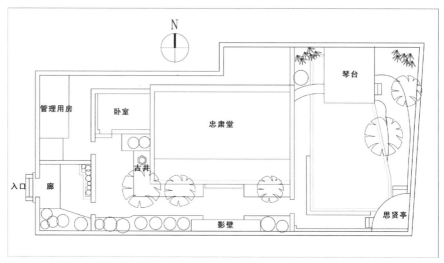

图 5-6　于谦故居现状平面图

故居大门为石库大门（图5-7），门两侧挂有对联："天地为心是真豪杰，圣贤作则乃大丈夫。"大门入内即可看到作为小天井的主景花坛与书法家沙孟海书写的于谦诗作《石灰吟》碑刻："千锤万凿出深山，烈火焚烧若等闲。粉身碎骨浑不怕，要留清白在人间。"于谦从小学习刻苦，志向远大。他的这首诗生动地描绘了石灰的形象，也用此来比喻他对人生的追求。天井右侧的圆形洞门与故居大门错开，自有"曲径通幽"之意。

图 5-7　于谦故居大门

二院内一条笔直的小径将游人从小天井引入开阔的花园（图 5-8），起到引导的作用，空间由开到合再到开，收放得当，让人觉得豁然开朗。忠肃堂门前两侧各植一株桂花，古井旁的梅花婀娜多姿，以墙为背景的修竹、石笋俊秀、挺拔，让庭院显得愈加幽静、古朴。

图 5-8　笔直的小径

花园以水池为中心，四周散置亭台、山石。花园西墙上嵌有清光绪四年所立"明兵部尚书赠太傅谥忠肃于公遗像"碑。碑为太湖石质。碑首书碑名，正中为阴刻的于谦遗像，四周为清代 9 位名人的题字，年代从光绪四年至嘉庆七年不等，皆为颂扬于谦的功绩。琴台与思贤亭位于水池南北两侧，隔水相望，相互映衬。琴台下为台，架于水上，上有亭，双坡顶，园主人可在此赏景弹琴（图 5-9）；思贤亭为依墙角而建的扇形半亭，在此可从不同的角度欣赏小花园（图 5-10）。花园内水池半开半合，琴台、思贤亭、植物、湖石形成若隐若现的水池驳岸，开敞的一侧放置石凳供休憩、观赏，空间的开合有度让故居充满趣味，虽简单而韵味无穷。

图 5-9　琴台

图 5-10　思贤亭

　　故居内植物配置简洁雅致，善于用白墙为背景，种植红枫、修竹，再放置湖石、石笋，形成一幅幅优雅的水墨画。修竹、蜡梅、桂花不仅营造出清幽的环境，更是寓意故居主人高雅的品格。

三、留余山居

留余山居，坐落于南高峰北麓，是清代著名的一处私家园林，为清乾隆二十四景之一。

1. 历史沿革

现存古籍上关于留余山居这座私家园林的记载较少。清代翟灏在《湖山便览（卷八）》中记载留余山居"在南高峰北麓，由六通寺循仄径而上，灌木丛薄中，奇石林立，不可名状。山阴陶骥疏石得泉，泉从石壁下注，高数丈许，飞珠喷玉，滴崖石作琴筑声，逐于泉址结庐，辅以亭榭"。查询相关文献可知，六通寺建于后汉乾祐二年，废于明嘉靖年间，由此推测，大约在明末清初时期，会稽山阴人陶骥在此建亭造榭，结庐而居。乾隆二十二年，天子南巡，游玩于此，被园内茂盛的草木，林立的奇石，飞流而下的瀑布，水石相击发出的美妙声音所吸引，写下了《雨中留余山居即景杂咏》五言诗："径穿玲珑石，檐挂峥嵘泉。小许亦自佳，昨来龙井边。"并赐题"留余山居"四字为额。五年之后，乾隆二十七年，乾隆故地重游，御书"听泉"二字。民国时期此处为钱文选（字士青）居所，后无记载，直至 2004 年杭州市园文局根据诗文描述重修了这座在清乾隆时期盛极一时的园林。

2. 园林分析

（1）选址

留余山居位于南高峰北麓，这里东见西湖，西望钱江，南眺雷峰，北倚南高峰，地势起伏，草木茂盛。张岱的《西湖寻梦》中描述："南高峰在南北诸山之界，羊肠佶屈，松篁葱蒨，非芒鞋布袜，努策支筇，不可陟也。"可见留余山居所在的南高峰山峦起伏，洞穴旷奥，曲径通幽。这正是《园冶》相地篇中最佳的"山林地"，这样的选址能够"自成天然之趣，不烦人工之事"，并且传统园林的灵魂在于山水，对于追求天然之趣的园林审美而言，山林地提供了最原始天然的条件。除此之外，谢灵运在《山居赋》中写道："古巢居穴处曰岩栖，栋宇居山曰山居"，留余山居建栋宇于山麓，可以推测在明末清初汉人不认同满人统治的社会背景下，留余山居园主人尊崇魏晋南北朝的隐逸思想，对于山中隐居生活有着别样的情怀。

（2）布局

留余山居整体与地形巧妙结合，高低错落自成天然之趣。《园冶》中提到"楼阁之基，依次序定在厅堂之后，何不立半山半水之间，有二层三层之说？下望上是楼，山半拟为平屋，更上一层，可穷千里目也"。首先，起伏地形为留余山居建筑的营造提供了自然天成的条件；其次，"高方欲就亭台"，登临留余山居的最高处建筑，可俯瞰全园，亦能极目远眺江山，从而胸怀开阔，实现"放鹤卧怀龙，廉句托鸿树"的豁达心态；再次，绿荫掩映，整个园林若隐若现，没有围墙等限定空间，真山真水构成了留余山居的边界，既可借景园外山水之景，又可营造出"湖山秀不尽，此处独留余"的画面感（图5-11~图5-13）。

图5-11 《南巡盛典名胜图录》中留余山居界画

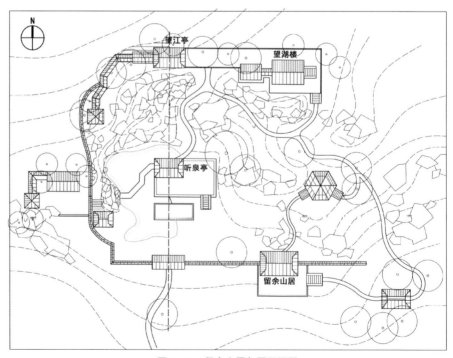

图5-12 留余山居复原平面图

图 5-13　留余山居

留余山居内可分东西两条线路。进入山门后的西线，沿路有泉从石壁上流下，高有数丈，飞珠喷玉，直落崖石，水石相击，声若琴音。在山岩中开凿洞穴，架以曲桥通向听泉亭所在的高台，此处山谷环绕，听泉赏景两不误；再顺着泉声向上攀爬，至白云窝，此处已是最高处，寓意与天上白云近距离相接，犹如神仙住处；再往西为流观台，台上有望江亭，在此可见西湖烟波迷离的浩渺水景，无论近处的园景、远处的湖光、苏堤，以及更远的雷峰塔和南屏山，尽收眼底，正如傅玉露在《恭和预制留余山居杂咏五首元韵》中描述的"蹑履上巉岩，江海森寥廓"；东线过留余山居循仄径而上，可见一处不知名的六角重檐攒尖顶的亭子，再沿山路缓缓而行便可至望湖楼。这条路线营造出山路的清幽意境，与西线相对比形成不同的空间感。留余山居在布局上充分顺应地形，在保持园林幽静的同时，尽量开拓园外之景，其设计之独到，在传统私家园林中别具一格。

（3）园林要素

宋郭熙在《林泉高致》中写道："山以水为血脉……故山得水而活；水以山为面……故水得山而媚"，绘画如此，园林也是这样。留余山居所处的位置有极为丰富的水资源，山水相称，愈发灵动，在园林营造中，水的形式丰富多样，有动态的山泉和静态的自然式水体。山泉"从石壁下注，高数丈许，飞珠喷玉，滴崖石作琴筑声"，汇为曲池，曲池顺应地势，呈自然形态，其上筑曲桥，将水体分隔成一大一小两部分，游人驻足于桥上，恰可近距离欣赏瀑布美景，感受泉水飞溅而起的凉意，从而实现全方位、多尺度地体验山泉瀑布美景。

在造园取石上，留余山居不像众多苏州园林那般，大量选用太湖石，而是多就地取材，利用山石进行造景，朴实自然，没有奢华的外表，就如它的园主人一般极少为外人所知。

留余山居内建筑种类较多：亭、台、楼、廊……，形成一个有机统一的建筑群体，它不像皇家园林和寺观园林那样对称协调，完全自由随宜，因山就水，高低错落，强化建筑与自然环境相嵌合的关系。留余山居内听泉亭（图5-14）、流观台、望江亭、望湖楼等各类建筑，各自发挥着其观景和点景的作用，其中"爬山廊"，顺应地形的起伏而曲线设置，不仅从竖向上看有高低起伏的变化，而且行走于其中，更有步移景异的效果。

图5-14　听泉亭

留余山居以园内原有植物为基底，在此基础上进行修饰，如建筑物周围点植几株青松，以彰显园主人的傲骨峥嵘，同时园林借景外部山林植物，园林的范围被无形中扩大了，园林的景色也愈加丰富多样。

四、漪园

1. 历史沿革

漪园的历史可追溯到宋代，原为南宋御园"翠芳园"。《湖山便览（卷七）》中记载，漪园在明朝末期叫"白云庵"，后塌毁。清雍正年间，有位叫汪献珍的人重新修建了此园，在园中新建了亭、轩、榭，同时种植花卉树木，沿堤岸筑桥，将西湖水引入园中。清乾隆皇帝第二次南巡时赐名"漪园"，并书"香云法雨"匾额，后又改为"白云庵"。咸丰年间，漪园被战火焚毁。光绪年间，由杭州著名藏书家丁松生重建。

2. 园林分析

（1）选址

在古籍《钦定南巡盛典》中记载，漪园背靠夕照山，面朝西湖而建，园内可见苏堤、三潭印月等景点，观景角度佳，借景手法运用精妙（图5-15）。这种背山面湖的园址，极为符合《园冶》相地篇中描绘的"山林地"和"江湖地"之特点，"有高有凹，有曲有深，有峻而悬，有平而坦，自成天然之趣，不烦人事之工"。

图5-15 《南巡盛典名胜图录》中漪园界画

（2）布局

全园以中部引入的湖水为中心，其他各空间院落环绕水体布置。园林整体划分为东部、中部、西部三部分：东部为园林入口，布局规则，轴线明确，为两进三开间的传统建筑格局，庭院、游步道依次沿轴线贯穿展开；中部为主庭院，面积较大，与入水口处的亭桥相对应，形成园林中轴线；西侧依据水岸线自然式布置各类建筑。

整体空间形态上，东部为居住区，建筑布局相对紧凑，空间形态端庄严肃；西部有居于山中之意象，空间形态自然闲趣，两者都较为封闭；中部为景观核心区，庭院中的堆山置石，正好与周边的真山真石相呼应。中心水体开阔，一览无遗，入水口处的亭桥，是园内园外景色沟通的重要连接点，也是空间转换的重要节点。此处既可以欣赏园内雅致的水体，更可看西湖广阔的湖面。这样的布局，使得漪园各空间之间形成鲜明对比，从而获得抑扬顿挫的节奏感（图 5-15、图 5-16）。

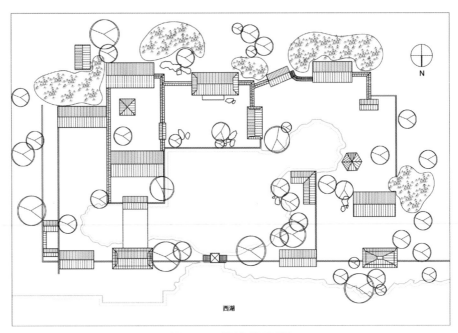

西湖

图 5-16 漪园复原平面图

（3）园林要素

《西湖新志》卷八引《新西湖游览志》中记载，漪园"山石荦确，堆叠玲珑，而一径通幽，别成风景"。从相关界画中也可看出（图 5-16），园内水岸边、亭榭边均设置了太湖石假山，或聚或散，或断或续，或横卧或直立，有疏有密、前后呼应、左右错落、堆叠精致，尤其是主庭院中的叠山置石是园中造景的一大重点，一组石头散置得颇有意趣。另有主庭院后面堆叠了一处精巧、玲珑四通的湖石假山，周围配植以松竹，构成了主体建筑的背景，这样由假山过渡到真山的造园手法，既丰富了园林的景观层次，更是山石艺术的极致体现。

清代《钦定南巡盛典》中记载："漪园，西湖何处不清漪，围作池园因额之。"漪，水波纹也，唯有水面较大，水质较清，方能显现出优美、变幻的漪涟。漪园引西湖水入园，水体部分位于园林中心位置，面积约占全园三分之一。水面上没有桥、岛作为分割，整体形态疏朗、开阔，因为是活水，水体清澈透明，微风拂过，漪涟在水面上散漾开来，加之天光、云影、树木、花草倒映其中，形成美不胜收的画面效果（图 5-17）。

图 5–17　白云庵老照片（民国时期）

　　根据资料和相关界画可知，漪园内多用竹林青松搭配各类花卉植物，浓淡相间，丰富多彩。其中竹子作为我国传统园林植物，在该园中广泛使用，园林西侧、南侧竹林密布，西侧甚至以竹林代墙将庭院进行围合，又可作为背景，衬托园中美景。园中沿水畔散植各类乔木，既有柳丝拂水，又有桃花相映。园林南部临水亭子外侧，沿用了西湖悠久的种植荷花的传统，用木桩在湖面上围植荷花，别有一番"濯濯风涵柳，英英露泻荷"的意境。

五、胡雪岩故居

　　胡雪岩故居为杭州现存最大的晚清民宅，是清代红顶商人胡雪岩人生巅峰之时所建的一座中西合璧的宅第，故居建筑构筑考究、豪华气派、厅堂轩敞、梁柱雍容、花格精致、地砖方硕，堪称"清末中国巨商第一豪宅"。故居西区为芝园，以山水景象为主题，依山筑楼阁，临水建轩厅，环境幽雅，自然和谐，形成山中有洞，洞内有池，池中有井的奇特景观，是浙派园林的杰出代表。

1. 历史沿革

　　清同治十一年，胡雪岩斥巨资在杭州望仙桥元宝街营建宅邸，至光绪元年建成。光绪十一年，胡雪岩经营丝业失败，其在各地开设的阜康钱庄相继倒闭，当年十一月抑郁而死。光绪二十九年，其子孙将其旧宅抵债给刑部尚书协办大学士文煜，后又几易其主，面目全非，破败不堪。1999 年，杭州市政府重修胡雪岩故居，后对外开放。

2. 园林分析

（1）选址

胡雪岩故居地处杭州吴山脚下，南临元宝街，东连牛羊司巷，西接袁井巷，北靠望江路，包括 13 座楼和 1 座园林——芝园。故居的选址为《园冶》中所述的"城市地"或"傍宅地"，即处于城市中，生活便捷，人多兴旺。位于闹市的因素让故居南面外墙高近 9 米，长约 100 米，是标准的风火墙，从而隔开外面的喧闹，给故居一个清幽的环境，这与西湖周边名人故居借外景的营造手法有着较大的区别。

（2）布局

胡雪岩故居坐北朝南，整体建筑轴线略偏西，地块呈长方形，占地面积 10.8 亩，约合 7230m²。故居的布局为我国传统宅第的对称布局方式，以围合式建筑为单位，按使用功能分为中、东、西三大区域（图 5-18）。中间区域有轿厅、照厅、百狮楼及以东、西四面厅构成的后花园；右边区域有楠木厅、鸳鸯厅、清雅堂、和乐堂、颐夏院、融冬院；左边区域为芝园，水池假山结合，亭、台、楼、阁，高低错落。

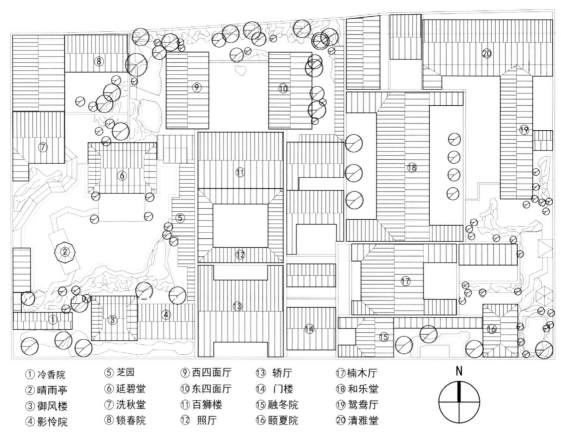

① 冷香院　⑤ 芝园　　⑨ 西四面厅　⑬ 轿厅　　⑰ 楠木厅
② 晴雨亭　⑥ 延碧堂　⑩ 东四面厅　⑭ 门楼　　⑱ 和乐堂
③ 御风楼　⑦ 洗秋堂　⑪ 百狮楼　　⑮ 融冬院　⑲ 鸳鸯厅
④ 影怜院　⑧ 锁春院　⑫ 照厅　　　⑯ 颐夏院　⑳ 清雅堂

图 5-18　胡雪岩故居现状平面图

芝园以水池为中心，周围遍布山石、植物、建筑等，小巧精致。芝园内建筑互有关联，遥相呼应，御风楼旁的扑凉台悬空兀立，别有趣味，与晴雨亭呼应，形成一组有趣的对景；延碧堂面朝大假山，与假山上的御风楼遥遥相望，站在延碧堂前的露台上，但见大假山似飞来之峰，气势峻峭，而山上的御风楼与扑凉台在左右建筑的簇拥下更显得高俊挺拔，大有凌云之势，望之肃然。水中的亭桥组合将水池划分为东西两部分，水池周围根据水池形态的变化而设置石堤、折桥、小路、游道、廊道、复道等，形式多样，高低错落，并加以湖石、花草树木的点缀，整体空间形态丰富多变，是浙江地区具有代表性的商人园林。

（3）园林要素

胡雪岩故居内怪石嶙峋，几乎每个院落都有假山置石，形式多种多样，其中芝园的大假山有"譬飞来峰一支，似狮子林之缩本"的美称（图5-19）。芝园的大假山仿照灵隐飞来峰之意象，用太湖石堆叠而成，是目前国内最大的人工假山溶洞，高五丈，假山上有三座楼阁，下有"悬碧""皱青""滴翠""颦黛"四个小溶洞（图5-20），四通八达的小道（图5-21），忽明忽暗、弯弯曲曲、错落有致。这座假山不仅有大而壮观的气势，还有小而灵巧的精美，太湖石的峰石造型优美似狮子，林立于池畔生动而又灵活。另有假山将池水围拢，驳岸栽植各类灌木草本，软化假山质感，将山水融合，形成浑然一体的自然山水园林，而园中东南角，假山倚墙而建，将围墙的封闭感淡化，假山之形，虚虚实实，使空间有不尽之意，这些营造手法都体现了传统园林中"咫尺山林""以小见大"的设计理念（图5-22）。

图5-19　芝园的大假山

图 5-20　四个小溶洞

图 5-21　溶洞内四通八达

图 5-22 从御风楼俯瞰水池

　　胡雪岩故居植物配置以自然式为主（图 5-23），采用不同的植物配置手法，让植物与建筑、山石、水体等其他造园要素有机结合起来，构成开合有度，且变化多样的园林空间，以此柔和整体景观的线条，让园林景观意境更为深远。芝园大假山以云南黄馨、铺地柏、常春藤点缀山体外缘，种植的植物都较小、较少，注重造型，重在表现山石峭拔挺俊的姿态和宏伟的气势。石缝间铺以书带草，正如《画论》中所云："山脊以石为领脉之纲，山腰用树作藏身之幄。"山间小道栽植南天竹、杜鹃使山体灵活生动。

图 5-23 假山上的植物

六、郭庄

郭庄现为浙江省省级文物保护单位，是杭州目前极少数保存较为完整的古典私家园林之一，被誉为"西湖古典园林之冠"，与刘庄、汪庄和蒋庄并称为西湖四大名园，素有"不到郭庄，难识西湖园林"之说。园林濒西湖构台榭，以水池为中心，曲水与西湖相通，旁垒湖石假山，玲珑剔透。庄内"景苏阁"正对苏堤，可观外湖景色，被园林学界誉为"西湖池馆中最富古趣者"。

1. 历史沿革

郭庄位于西湖卧龙桥以北，乃绸商宋端甫于清光绪三十三年所建，曰"端友别墅"，俗称宋庄。民国时，端友别墅曾抵押给清河坊孔凤春粉店，后卖予自称唐朝郭子仪之后的郭士林，改名为"汾阳别墅"，俗称郭庄。1950年后，郭庄移作他用，此时园内的建筑与园林已经荒芜。1989年10月，郭庄由园林部门接手整修，在著名园林家陈从周教授的倾情指导下，陈先生的高足、时任杭州园林设计院总工程师的陈樟德先生主持，按修旧如旧原则复其旧貌，1991年10月1日重新开放。

2. 园林分析

（1）选址

郭庄东临西里湖，南临卧龙桥，西靠杨公堤，北接曲院风荷，其选址是极为讨巧的江湖地，不仅地理位置优越，四周景色宜人，能将西湖美景纳入园中，而且能够因地制宜地将西湖之水引入园内加以利用。正如陈从周先生的《重修汾阳别墅记》有言："园外有湖，湖外有堤，堤外有山，山外有塔，西湖之胜汾阳别墅得之矣。"西湖风景如画，湖畔建筑均可"借景"，但郭庄的"借景"可谓精妙绝伦，有灵气又有趣味，园小乾坤大，举目四顾，景移杯前，画呈眼底，其选址可谓是功不可没。

（2）布局

郭庄虽呈长条形，但整体布局疏密有序，以两宜轩为屏隔，园林整体分为"静必居"和"一镜天开"两个部分（图5-24、图5-25）。"静必居"建筑密集，是主人居家、会客之场所，其中"浣池"模仿自然形态而建，池岸曲折蜿蜒，池边太湖石堆砌，与苏州私家园林十分相似。"一镜天开"中心是形态规则的"镜池"，池岸由石板堆砌，规则整齐，干净大气，乃延续了南宋方池的理水特点，使整个空间更为开阔，这两部分一疏一密，形成鲜明对比，并通过借景、障景等设计手法，在各自内部通过园门、漏窗等相互渗透，增加了空间的连通性和整合度，同时也使空间整体变化多端，丰富多彩，实现了相对小尺度空间内步移景异的景观效果。

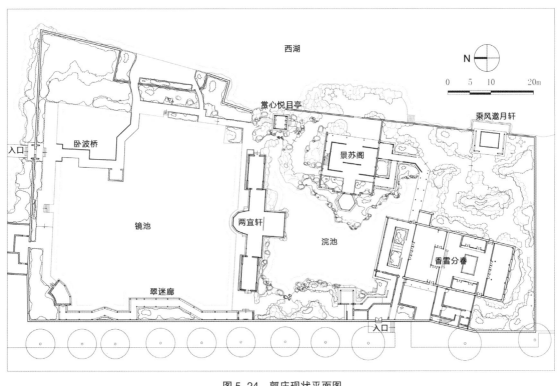

图 5-24 郭庄现状平面图

图 5-25 分隔空间的两宜轩

（3）园林要素

《杭州通》对郭庄是这么描述的："园滨湖构台榭，有船坞，以水池为中心，曲水与西湖相通，旁垒湖石假山，玲珑剔透。"中国传统园林可粗略分为山园和水园，而郭庄是水园代表之一。水园中的山石这一造园要素是从属于水的，因此郭庄的筑山数量不多，但其筑山也有自己的特色，可以概括为"秀""崎""疏"三方面。

"秀"的手法是将山矮化、小化，使山既有山的景致和神韵，又具有可攀性。如赏心悦目亭所在的假山石，它既模仿自然山体，并有小路可供游人攀登至山石的最高点，并在最高点设亭，供人休憩、赏景。"崎"的手法是在山上有目的地布置各类怪石，这是造园者对自然山体的模仿，如沿小路登上赏心悦目亭（图5-26），路旁怪石林立、高低不齐，既模仿自然，又点缀了路边的风景。"疏"的手法是疏密有致的山体格局，镜池区域为疏，浣池区域为密，而密中又产生高低错落的差别，使郭庄筑山富有变化。这三个特点虽然并不能够概括整个中国传统园林的叠山艺术，但在郭庄中得到了较好的表达。

图5-26　赏心悦目亭

郭庄之水为西湖之水，通过赏心悦目亭下假山隐藏园林的入水口（图5-27），并在园内以两宜轩为界，将水贯穿于"静必居"和"一镜天开"两大区域（图5-28、图5-29），给人以深邃藏幽、不可穷尽之感。但郭庄的水景并不止于园内，更是借助漏窗、观水平台等，虚借西湖水以拓展外围环境，并利用西湖已形成的自然景观和人文景观升华郭庄自身的格调和氛围，有了西湖大水面的衬托，郭庄也愈加显得雅洁而又富有古趣，似乎彰显了园主人"江海寄余生"，"相忘于江湖"的人生境界（图5-30）。

图 5-27　假山下的进水口

图 5-28　浣池周边景观

图 5-29　镜池周边景观

图 5-30　郭庄园外的西湖景致

古人云："凡图中楼台亭宇，乃山川之眉目也"，说明山水如无建筑点缀，则眉目不清，利用建筑装点，山水增色，景观生动，风光无限。园林中景观建筑的设置，可以点出风景的特征和内涵，有助于明确景观主题和意境，强化景观的价值。郭庄园内建筑处处融于山水之景中，这种和谐统一的设计手法，可谓又进一步突出了杭州园林清新幽淡的特点，如赏心悦目亭建于假山之上，居高临下，湖山秀色尽收眼底，令人心旷神怡。又如乘风邀月轩，贴于湖畔，亲水而怡然自得。

　　郭庄的植物配置手法多样，有丛植、点植等，但其中以片植最为出彩。片植是利用同种植物仿造自然式进行成片种植，植物本身具有的自然美和人文美能够通过片植的手法处理而被放大、凸显。如郭庄东南隅小庭院片植梅树（图5-31），取喻于宋代林逋喜爱梅花而又品行高洁的历史典故，林逋有《山园小梅》云："众芳摇落独暄妍，占尽风情向小园。疏影横斜水清浅，暗香浮动月黄昏。霜禽欲下先偷眼，粉蝶如知合断魂。幸有微吟可相狎，不须檀板共金樽。"以诗的意境来提升园林本身的格调。同时，得益于西湖的大环境，片植的植物景观不仅仅局限于郭庄园内，更将郭庄周边的植物景观纳入园中，如园外北面片植的大片水杉林，既可作为"一镜天开"的背景，又为郭庄营造出密林深处有人家的意境。

图5-31　片植的梅林

第 六 章

明清杭州寺观园林

杭州的寺观园林萌芽于魏晋南北朝，兴盛于隋唐，成熟于宋，在唐末宋初五代十国中的吴越国达到高峰。其时吴越王钱镠立国杭州，御治东南，以"保境安民""信佛顺天"为国策，吴越国四世治理百年，寺塔之建倍于九国，一时之间"杭之俗，佛于钱氏结庐遍人境"，是以"东南佛国"之名远播华夏。至宋代特别是宋室南渡，杭州作为都城，更是推动了佛教的发展。其后元明清三朝，及至民国时期，则各有兴替。到了明清，相较于国内其他地方寺观园林的日渐没落，以灵隐寺为代表的杭州寺观园林在继承传统、因循守成之余，又融通互补，推陈出新，得到较好发展，形成了自己的特色。

第一节　明清杭州寺观园林概况

一、明代杭州寺观园林发展概况

元代后期，张士诚投降元都索求封王拜爵遭拒后，自封吴王，割据江南两浙，导致杭州烽火硝烟纷起。由于战火频繁，为御外敌，张士诚拆寺毁观以建城墙，灵隐寺、抱朴道院、集庆寺、玛瑙寺、天竺三寺等诸多寺观或遭到拆毁，或被战争破坏。

明代初期，鉴于元代推崇喇嘛教出现了诸多流弊，朝廷转而支持汉地传统佛教，禅、净、律、天台、贤首各宗皆有所发展。因为元末的战乱，杭州的寺观大多变得残破甚至毁坏，急需整修或者重建。故统治者命令地方官员给予支持，如明太祖朱元璋敕令重建上天竺观音菩萨殿，让杭州驻军停操一年，为观音殿重建搬砖托瓦，使得许多毁坏的寺得以整修甚至重建。明代中期，朝廷对寺观的态度转变极大，对寺观的坍圮颓败不予理睬，任其自生自灭，其原因可能与佛道内部的腐化，部分僧侣作奸犯科，以及以白莲教为代表的民间宗教组织盛行有关，例如永乐年间重建的玛瑙寺与成化年间重建的天真寺都是由僧侣募资而修建的。明代后期，因为前朝崇佛导致诸多弊端，明世宗转而崇道抑佛，使得佛道的发展出现了此消彼长的现象。此外，因为社会的动乱导致战火连年，灾荒频现，寺观渐渐没落，但有憨山德清、袾宏莲池、智旭蕅益、紫柏真可四大高僧身体力行，宣扬佛法，著书授徒，调和各派，令杭州佛教呈现出"中兴"的趋势（表6-1）。

表6-1 明代主要寺观一览表

序号	寺观名称	建设时间	位　　置	建设者
1	四贤堂	明·正德年间	孤山	杨孟瑛
2	尚书俞公祠	明·成化年间	孤山	俞琳
3	显灵观	唐·贞观年间	涌金门南	百姓立
4	净慈寺	周·显德元年	长桥西南	钱王俶
5	发祥祠	明·嘉靖十九年	南屏山西	邵林埋葬地
6	惠因寺	后唐·天成二年	太子湾西玉岑山对面	吴越王
7	于谦祠	明·弘治七年	赤山北	官方建设
8	灵应庙	宋·绍兴十一年	三台山北	官方建设
9	延恩衍庆寺	唐·乾祐二年	灵石山西北	百姓募建
10	定慧禅寺	唐·元和十四年	南屏山南钱粮司岭西	襄中僧人
11	袭庆禅寺	后晋·开运年间	南屏山南钱粮司岭西南	吴越王
12	报国寺	元·至元十三年	凤山门南，过万松坊	官方建设
13	梵天寺	宋·乾德年间	万松坊西南	吴越王
14	胜果寺	唐·乾宁年间	梵天寺西北	无著喜禅师
15	柳洲寺	宋·开宝年间	涌金门北	钱王
16	昭庆寺	宋·乾德五年	钱塘门西北	吴越王
17	大佛禅寺	宋·宣和年间	宝石山麓	思净僧人
18	智果禅寺	宋·绍兴年间	宝石山麓西	吴越王
19	显功庙	宋·建炎三年	宝石山麓西	百姓资建
20	玛瑙讲寺	宋·绍兴年间	锦坞西	钱氏
21	四圣延祥观	宋·绍兴十四年	葛岭前	官方建设
22	凤林禅寺	唐·长庆年间	葛岭西	圆修禅师
23	护国仁王禅寺	宋·淳祐年间	葛岭下	孟琪
24	集庆讲寺	宋·淳祐十一年	普福讲寺西	贵妃阎氏
25	灵隐寺	晋·咸和元年	在北高峰山麓	慧理僧人

序号	寺观名称	建设时间	位 置	建设者
26	韬光庵	唐	北高峰后山	韬光禅师
27	下天竺讲寺	隋·开皇十三年	灵鹫山麓	慧理僧人
28	中天竺讲寺	隋·开皇十七年	稽留峰北	宝掌僧人
29	上天竺讲寺	后晋·天福年间	中天竺讲寺西南	道翊僧人
30	玉枢道院	明·天顺六年	东岳庙左	吴志中
31	三茅宁寿观	汉	七宝山（吴山）东北	长盈、次固、季衷
32	奉真院	明·洪武十六年	下马坡巷	李道椿
33	灵芝寺	唐·贞观年间	东花园重新巷	施光庆舍宅为寺
34	仙林寺	宋·绍兴三十二年	安国坊	洪济大师智卿
35	妙慧院	后晋·开运元年	褚家塘	钱弘佐
36	六和塔	宋·开宝三年	月轮峰旁	智觉禅师
37	陆宣公祠	明·隆庆年间	孤山	陆炳
38	玉泉寺	南齐·建元年间	青芝坞	昙超
39	关王庙	明·万历十五年	靠近岳坟	施如忠
40	钱王祠	宋·熙宁年间	西湖边	苏轼

二、清代杭州寺观园林发展概况

清顺治至雍正年间，统治者崇信佛教，重视利用儒学治国，取消抑佛政策，同时扶持道教发展。康熙皇帝六次南巡，五到杭州，凡到名山大寺，常赋诗题字，撰碑题匾，并拨款修建寺庙。据《天竺山志》记载："康熙三十八年三月南巡，与二十四日、二十六日两次到上天竺寺，赐'法雨慈云'匾额，并至中天竺寺、下天竺寺，赐内帑修寺。"雍正年间，浙江总督李卫奏准改孤山行宫为圣因寺，供奉康熙神位，西面为方丈僧人起居的地方，东面的"西湖山房""涵清居"等处为帝王休憩的地方。此外，李卫也在玉皇山顶重建福星观。乾隆六次南巡，六到杭州，也模仿康熙，凡到名寺，赋诗题字，撰碑题匾，拨内帑修建寺庙，据《天竺山志》记载："乾隆十六年三月南巡，与三月四日、十一日两次到上天竺寺，御书'法喜寺''宝陀飞观''普甘露门'三匾，并题柱梁：'绕座法轮明宝月，盈阶甘雨散华天。'"清后期，国势衰弱，寺观也逐渐不振，除偶尔有所谓御书题额外，一应费用由寺观自理。清末太平天国起义，对杭州寺观冲击极大，太平军多次攻入杭州城内，见到寺观就烧，很多寺观遭受破坏，太平天国起义失败后，在浙江总督马新贻等官员与杭城富商的资助下，部分寺庙得以重建恢复（表6-2）。

表 6-2　清代杭州主要寺观园林一览表

序号	寺观名称	建设年份	地　址	建设者
1	灵隐寺	晋·咸和元年	在北高峰山麓	慧理僧人
2	圣因寺	清·康熙四十六年	锦带桥西孤山南	康熙行宫
3	福星观	唐·开元年间	玉皇山山顶	松花老人
4	广化寺	南朝·天嘉元年	孤山之南	陈文帝
5	莲池庵	明·万历年间	孤山白沙堤	余良枢
6	旌德观	宋·宝庆二年	苏堤映波桥旁，后移建城中西牌楼	袁韶
7	柳洲寺	后晋·天福五年	涌金门外	不详
8	通远庵	宋·嘉定十四年	涌金门外，元末筑城移入城内	不详
9	莲觉寺	宋·开宝年间	涌金门外	钱王
10	灵芝崇福律寺	宋·太平兴国元年	涌金门外	舍宅为寺
11	灵应观	宋·绍兴十八年	涌金门外灵芝寺侧	官方建设
12	净慈禅寺	后周·显德元年	南山慧日峰下	官方建设
13	惠恩讲寺	后唐·天成二年	赤山	吴越王
14	宝林院	宋·开宝六年	赤山移城南尊胜巷	钱邓王
15	法相律寺	后晋·天福四年	惠因寺北	吴越王
16	六通律寺	后汉·乾祐二年	长耳巷	吴越王
17	理安寺	五代	南山十八涧	吴越王
18	天真禅寺	后梁·龙德元年	龙山上	吴越王
19	下天真寺	明·洪武年间	龙山下	普正大师
20	天龙禅寺	宋·乾德三年	在龙山之阳宋郊台之右	吴越王
21	普宁庵	宋·隆兴元年	鸿雁池南	道慧禅师
22	道林寺	后周·广顺元年	普宁庵西	吴越王
23	报国讲寺	唐	凤凰山麓	不详
24	梵天讲寺	宋·乾德年中	城南凤凰山	钱氏
25	六和塔	宋·开宝三年	龙山月轮峰	智觉禅师
26	真际院	宋·乾德四年	五云山	吴越王
27	云栖寺	后汉·乾祐五年	梵村	吴越王

序号	寺观名称	建设年份	地　址	建设者
28	天柱寺	宋·开宝二年	云棲坞	吴越王
29	昭庆律寺	宋·乾德五年	钱塘门外溜水桥西	钱氏
30	庆忌塔	元	昭庆寺北	西夏僧人
31	菩提院	五代	钱塘门外	吴越王钱元瓘
32	保俶塔崇寿院	宋·开宝元年	宝石山	吴越王
33	兜率寺	后周·显德二年	宝石山	钱氏
34	大佛禅寺	宋·宣和年间	宝石山麓	思净僧侣
35	智果禅寺	后晋·开运元年	葛岭上宝云寺西	钱氏
36	玛瑙讲寺	后晋·开运三年	宝云山	钱氏
37	招贤律寺	唐·德宗年间	葛岭	吴元卿
38	涵青精舍	清·康熙六年	葛岭上	沈昺、何舟瑶
39	四圣延祥观	宋·绍兴十四年	新在葛岭旧在孤山	显仁韦太后
40	凤林禅寺	唐	葛岭西	乌窠禅师
41	褒忠衍福寺	元·嘉定十四年	栖霞岭下	忠烈祠
42	护国仁王禅寺	宋·淳祐五年	扫帚坞	惠开禅师
43	净性禅寺	宋·乾德五年	扫帚坞西	吴越王
44	灵峰禅寺	后晋·开运年间	青芝坞后	吴越王
45	神霄雷院	宋·咸淳年间	庆化山	陈紫芝道士
46	普福讲寺	宋·咸淳戊辰	胭脂岭	朋砺僧人
47	北高峰塔	唐·天宝年间	灵隐后山	灵顺寺僧人子捷
48	石佛庵	梁	灵隐山直指堂后	简文帝
49	西岭草堂	唐·永泰年间	下天竺	道标法师
50	下天竺讲寺	晋	灵鹫峰山麓	慧理僧人
51	中天竺讲寺	隋·开皇十七年	稽留峰北	宝掌禅师
52	上天竺讲寺	后晋·天福四年	天竺山乳宝峰北白云峰南	道翊僧人
53	海会寺	梁·大同年间	石佛山	昭明太子
54	玉枢道院	明·天顺年间	东狱庙左	吴志中
55	玄妙观	唐·天宝二年	吴山南麓	奉诏创建

序号	寺观名称	建设年份	地　　址	建设者
56	开元寺	唐·开元二十六年	清平山	官方建设
57	通远观	宋·绍兴二十九年	七宝山麓	刘敖
58	莲花庵	明·万历年间	四方庙北	陈氏

三、明清杭州寺观园林特点

1. 选址多在山林地

"天下名山僧占多"，杭州西湖群山多为丘陵，植被覆盖茂密，加上四季分明，雨量充沛，故而山清水秀，风景旖旎迷人，十分适合建造寺观。经过文献查阅可知，杭州著名的寺观都建在山林地中（表6-3）。选择山林地建造寺观，要考虑是否有充沛水源、是否向阳背风、是否既清幽宁静又交通方便。根据调查统计，杭州寺观在选址山林地时可分为三类：建山顶者、建山腰者、建山麓者。

表6-3　选址山林地的著名寺观

寺观名称	选址位置
上天竺寺	天竺山乳宝峰北白云峰南
中天竺寺	稽留峰北
下天竺寺	灵鹫峰山麓
净慈寺	南山慧日峰下
理安寺	南山十八涧
福星观	玉皇山山顶
灵隐寺	北高峰山麓
玛瑙寺	宝云山
大佛寺	宝石山麓
抱朴道院	葛岭

注：据《西湖文献集成·明清》整理。

山顶是山峰的制高点，视野极其开阔，常常云雾缭绕，变化莫测，为佛、道的宗教氛围创造了自然条件。从山脚仰望山顶，寺观在云雾中若隐若现，仿若佛国之圣地，又仿若缥缈之仙境，引人入胜，令人神往（表6-4）。如福星观坐落于玉皇山山顶，玉皇山东接将军山与凤凰山，南接南屏山与大慈诸山，南临钱塘江，北对西湖，站立玉皇山山顶，可观滚滚奔流的钱塘江，亦可远眺西湖诸多美景，真有"临镜映西子，听涛倚钱塘"之意境；又如灵顺寺，坐落于北高峰山顶，此处可见群山秀色、西湖游人、钱塘潮水，高高在上，宛若超脱世外。

表 6-4　明清时期部分建在山顶的寺观

寺观名称	选址位置
福星观	玉皇山山顶
灵顺寺	北高峰山顶
崇圣塔	凤凰山山顶
神尼舍利塔	飞来峰山顶
宝奎寺	七宝山山顶
承天灵应观	吴山山顶
天真禅寺	龙山山顶
涵清精舍	葛岭山顶

注：据《西湖文献集成·明清》整理。

山腰环境清幽迷人，树木苍翠繁茂，此处建寺观只要花费较少的代价就可以获得优美的景色，婀娜多姿的青松翠柏，碧波涟漪的泉石瀑布，恬静怡人的鸟语花香。更难能可贵的是，山腰可以借取山外景色，村舍田园尽收眼底，鸡鸣狗吠皆纳耳中，美不胜收，这样的选址既方便僧侣、道士清修，也方便访客到访（表6-5）。如抱朴道院在葛岭山腰处，在绿树掩映中隐约可见，由此可观西湖风光，怀古雷峰塔典故，别有趣味；又如韬光庵，韬光禅师所建，在灵隐寺右之半山中，此处可遥望钱塘江入海，有"鹫岭郁岧峣，龙宫锁寂寥。楼观沧海日，门对浙江潮"的佳境；再如虎跑寺建于大慈山山腰，大慈山松杉密布，山林连绵，野趣横生，确为修道修佛之佳处。

表 6-5　明清时期部分建在山腰的寺观

寺观名称	选址位置
抱朴道院	葛岭山腰
韬光寺	北高峰半山腰
虎跑寺	大慈山山腰
韬光庵	北高峰半山腰
大佛禅寺	宝石山南麓山腰
定水寺	七宝山山腰
宝成寺	宝莲山山腰

注：据《西湖文献集成·明清》整理。

山麓因为地势较低以及到处都是高大茂密的植物，环境比较幽静，可使寺观掩映于葱葱郁郁的高大树木之间，藏而不露，但此处视野较为狭隘，适合观近景，如溪流、湖泊、瀑布与花草树木等，且山麓处交通相对便利，可达性好，可谓介于入世与出世之间（表6-6）。如灵隐寺背靠北高峰，面朝飞来峰，两峰夹峙，林木耸秀，深山古寺，云烟万状；三天竺寺"以久近言，先下竺后上竺，中竺则两乎其两间。二竺皆临绝涧，限溪运，山深秘密勿疑若无路"；又如昭庆寺在宝石山山麓，背山面湖，既可赏朦胧山色，亦可观潋滟湖光。

表6-6　明清时期部分建在山麓的寺观

寺观名称	选址位置
灵隐寺	北高峰山麓
净慈寺	南屏山慧日峰山麓
上天竺寺	白云峰山麓
中天竺寺	天竺山山麓
下天竺寺	灵鹫山麓
玉泉寺	乌龙山南麓
白马庙	七宝山东麓

注：据《西湖文献集成·明清》整理。

2. 建筑布局形式多变

明清时期，杭州寺观大多数建在山林地中，因山林地地形起伏变化较大，故而出现了轴线式、散点式、四合院式以及混合式等建筑布局形式。轴线式是指主殿沿着中轴线布置，而配殿则布置在轴线的两旁；散点式是指无论主殿抑或配殿都以散点式布置，没有形成轴线关系；四合院式是指主殿、配殿等建筑围合成"四合院"的形式；混合式则是建筑布局采用轴线式、散点式、四合院式的两两组合或者三者组合。

混合式的建筑布局大多应用在规模较大的寺观中，如灵隐寺、韬光寺、福星观、高丽寺等。灵隐寺主殿采用轴线式布局形式，配殿以及其他建筑采用散点式布局。轴线部分从南到北依次排列天王殿、大雄宝殿、药师殿、法堂、华严殿，左侧依次散点布置了鼓楼、罗汉堂与图书馆，右侧沿另一条中轴线布置了斋堂、客堂、伽蓝殿、方丈厅、方丈经堂与念佛堂。韬光寺也采用了以轴线式为主，散点式为辅的布局形式（图6-1），第一条轴线依次为山门与大殿，右侧散点布置了茶院和僧寮；第二条轴线依次为二殿与亭，右侧散点布置了三殿。福星观则采用了以四合院式为主，散点式为辅的布局形式，真武殿、东厢房、长廊、登云阁、双桂堂、福星观菜馆、玉龙殿彼此相互围合成了三个"四合院"院落，而西楼、斗娇阁与江湖一览则散点布置在院落的后方，南天门设在东厢房的东面；高丽寺规模较小，从东至西照壁、天王殿、放生池、大雄宝殿、轮藏殿、华严经阁依次排列在中轴线上，右侧散点布置了钟楼、方丈室、禅堂、厢房，左侧散点布置了厢房、伽蓝殿、香积橱、斋堂、涤池、僧寮。

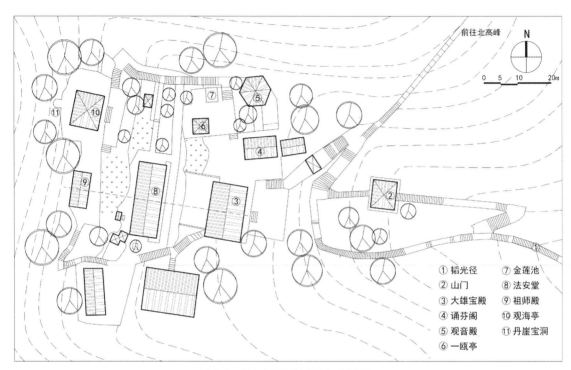

① 韬光径　⑦ 金莲池
② 山门　⑧ 法安堂
③ 大雄宝殿　⑨ 祖师殿
④ 诵芬阁　⑩ 观海亭
⑤ 观音殿　⑪ 丹崖宝洞
⑥ 一瓯亭

图6-1　韬光寺平面图（混合式布局）

　　单一的建筑布局大多应用于规模相对小的寺观中，如法镜寺、永福寺、宝成寺、香积寺等。法镜寺因地处山间平地，故只采用轴线式的布局形式，从南到北，天王殿、圆通宝殿、药师殿依次排列在中轴线上，鼓楼、藏经楼与地藏殿依次排列在中轴线的左侧，钟楼、斋堂、戒坛殿依次排列在中轴线的右侧（图6-2）；香积寺采用轴线式的布局形式，寺门、天王殿、大雄宝殿、藏经阁法堂依次布置在中轴线上，而鼓楼与钟楼等其他建筑则左右对称布置在中轴线的两侧；永福寺依山构筑，建筑布局随地势起伏变化，采用散点式布局形式，沿溪构成五个各具特色的院落，整体呈"七"字形，从下而上，依次为山门、普圆净院、迦陵讲院、资岩慧院、古香禅院（图6-3）；宝成寺采用四合院式的布局形式，坐西朝东，中为庭院，北为佛堂，南为罗汉堂，西为展厅，东为佛龛（图6-4）。

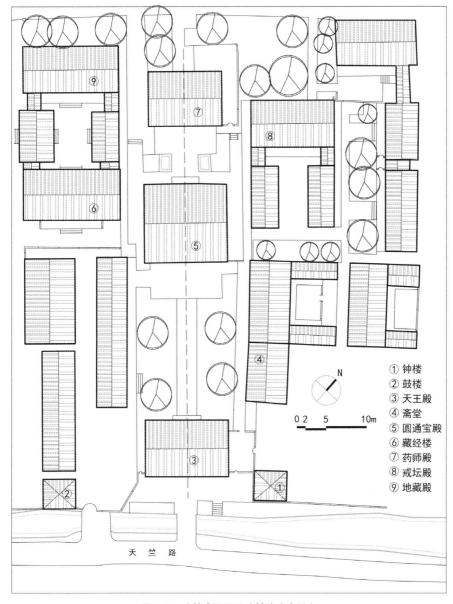

① 钟楼
② 鼓楼
③ 天王殿
④ 斋堂
⑤ 圆通宝殿
⑥ 藏经楼
⑦ 药师殿
⑧ 戒坛殿
⑨ 地藏殿

0 2 5 10m

天 竺 路

图6-2 法镜寺平面图（轴线式布局）

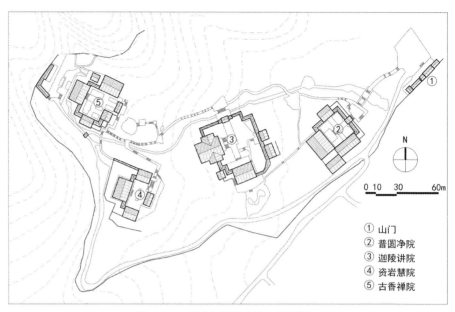

图 6-3　永福寺平面图（散点式布局）

① 山门
② 普圆净院
③ 迦陵讲院
④ 资岩慧院
⑤ 古香禅院

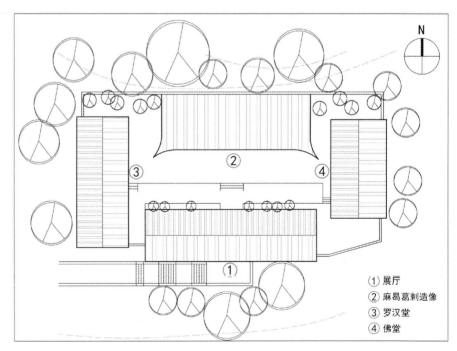

图 6-4　宝成寺平面图（四合院式布局）

(1) 展厅
(2) 麻曷葛剌造像
(3) 罗汉堂
(4) 佛堂

3. 植物配置具宗教寓意

杭州的寺观多设在自然山水间，寺观外植被茂盛，正如诗人四锡所作："湖边钟磬含清籁,树杪楼台霭翠微,野景留人狂欲住,春光啼鸟劝思归。萋萋芳草重回首,十里松门照落晖"，起到了极好的借景作用。寺观内的植物配置从园林的角度进行考量则更有讲究：一是为了营造寺观的宗教氛围，所选择的植物多具有宗教寓意，二是根据不同的环境氛围配置不同的植物，三是种植的植物种类繁多，各具特色。

寺观内是宗教活动开展的场所，庄严肃穆，为了营造此种气氛，佛教寺庙多选择与佛教故事、佛教思想或者佛教活动有关的植物，如灵隐寺内多种植七叶树、桂花与吉祥草，相传佛祖在七叶树下涅槃，桂花在佛教中有着"高洁"的寓意，而吉祥草则可作为参禅时的坐垫。道教则多选择与神话、道教思想、道教活动相关的植物，如抱朴道院内多种植桃、银杏与柏树，这三种树木都属于道家驱邪五木（柳、桃、柏树、银杏和无患子）；此外，神话传说里仙桃吃了可长生，银杏被认为是"调和"的象征，代表和谐（表6-7）。

表6-7　杭州寺观内部分具宗教寓意的植物

中文名	拉丁学名	佛教含义
吉祥草	*Reineckia carnea*	佛祖参禅，吉祥草为座
七叶树	*Aesculus chinensis*	佛祖在七叶树底下涅槃
桂花	*Osmanthus fragrans*	佛教常用，寓意高洁
银杏	*Ginkgo biloba*	佛像雕刻，刻制符印
柏	*Platycladus orientalis*	道教作法柏树可以驱邪
桃	*Amygdalus persica*	驱邪，神话里仙桃吃了可长生
香樟	*Cinnamomum camphora*	佛像洗浴香料
莲花	*Nelumbo nucifera*	佛祖成佛莲为座，佛的化身
合欢	*Albizia julibrissin*	第四佛道场树
罗汉松	*Podocarpus acrophyllus*	形若坐禅罗汉，象征佛祖
无患子	*Sapintus mukorossi*	菩提树替代树，果核制念珠
梅花	*Armeniaca mume*	象征五福
枇杷	*Eriobotrya japonica*	佛的供品
樱桃	*Cerasus pseudocerasus*	佛的供品

寺观内有各种不同的活动区域，如主殿、配殿、僧寮、茶室等。活动区域不同，所需要营造的环境氛围不同，所配置的植物也不同。寺观主殿多种植七叶树、松、柏、银杏等具有宗教寓意，姿态挺拔、虬枝骨干、叶茂荫浓的植物，这些植物或孤植，或对植，或列植，或丛植，营造出庄严肃穆的宗教氛围，如净慈寺大雄宝殿东西两面就列植了龙柏，龙柏常青，代表了佛教源远流长。配殿及其他活动区域，则多种植姿形优美或开花的植物，这些植物与假山、水体、建筑进行搭配，营造出"禅房花木深"的意境，如净慈寺水景周边种植了桂花、山茶、鸡爪槭、罗汉松等植物，

营造出类同于私家园林的环境氛围。

由于寺观的开放对象是慕名而来的游客、上香祈福的香客以及尊奉教义的信徒，所以寺观不仅仅是僧侣生活与修道的场所，也是百姓游玩以及参与宗教活动的地方。为了满足百姓游玩观赏的乐趣，寺观选择不同的植物来营造各具特色的植物景观。如当时许多寺观因为特有的"名树"与"名花"而出名（表6-8）。此外，当时僧侣的生活多为自给自足，加上六戒约制，饭菜多取材于植物，所以除观赏性植物外，僧侣也会在寺观内外种植可食性植物，而这些植物又共同构成了寺观园林的植物景观。

表6-8　明清杭州寺观园林的"名花名树"

寺观名称	植物名称
灵隐寺	桂花 Osmanthus fragrans、辛夷花 Magnolia denudata、凤仙花 Impatiens balsamina
月轮寺	桂花 Osmanthus fragrans
天竺寺	石榴花 Punicagranatum、木樨 Osmanthus fragrans
真觉院	瑞香 Daphne odora、枇杷 Eriobotrya japonica
菩提寺	杜鹃花 Rhododendron simsii
吉祥寺	牡丹 Paeonia suffruticosa
梵天寺	杨梅 Myrica rubra、卢橘 Fortunella margarita
云居寺	青桐 Firmiana platanifolia
招贤寺	紫阳花 Cardiandra moellendorfii
报国寺	银杏 Ginkgo biloba
韬光寺	金莲花 Trollius chinensis
真际寺	银杏 Ginkgo biloba

第二节　名园分析

一、昭庆寺

昭庆寺，原名大昭庆律寺，与净慈寺并峙西湖南北两岸，有两大道场之美誉，又与灵隐、净慈、海潮并称为杭城四大丛林。现今，在这四大古刹中只有灵隐寺与净慈寺仍然香火旺盛，而作为国内仅有的三家拥有戒坛的著名律宗佛寺之一的昭庆寺，由于岁月流逝所留下的痕迹与解放后的改造行动，现只余民国初年重建的大雄宝殿，再不复当年盛况。回首这近千年的历史，昭庆寺作为西湖的一个重要门户，杭州佛教名刹和西湖香市的一个典型代表，在杭州的历史上留下了浓墨重彩的一笔。

1. 历史沿革

张岱在《西湖梦寻·昭庆寺》中记载，昭庆寺创建于宋乾德五年，初名为菩提院，宋太平兴国三年寺内建戒坛，名"万寿戒坛"。宋太平兴国七年更名为昭庆律寺。昭庆寺的全盛期为明朝后期，当时寺内藏有明太祖朱元璋赏赐的大藏经，一时间僧舍丛集，香客如云，又有文人墨客前来寺中作诗鉴画，乐而忘返。同时，它还是西湖春季香市期间，香客进香会合的地方，行人络绎不绝。昭庆寺迭遭劫火也以明朝为最。嘉靖末年，由于倭寇长驱直入，进犯杭城，守城的明军为防止这座寺庙落到倭寇手中为其攻城所用，不得已将偌大一座寺庙付之一炬。明崇祯十三年，昭庆寺又遭大火，后复建。

清康熙四十二年，昭庆寺正殿被大火烧毁，清康熙五十二年重建，规模不减当年，成为杭州四大丛林之一。抗日战争时，寺院因战火受损，抗战胜利后，继而成为日俘集中营。建国初期，昭庆寺仍有寺僧和佛事活动。1956年，西湖周围扩建马路，昭庆寺前房屋被拆，改建为广场，后寺院建筑逐渐损毁，如今仅存大殿建筑，现已辟为杭州青少年活动中心（图6-5）。

图6-5　昭庆寺如今仅存的大殿建筑

2. 园林分析

（1）选址

"湖边山影里，静景与僧分。一榻坐临水，片心闲对云。树寒时落叶，鸥散忽成群。"昭庆寺位于宝石山东，坐北朝南，面向西湖，一面湖山如画屏般铺展开来，远处雷峰塔若隐若现，与净慈寺遥遥相对，苏堤如纽带般绵延，连系着两座千年古刹。昭庆寺地处闹市，为平地建寺又为岸边建寺，交通便利，它南濒西湖，东临古新河，风景迤逦。其最外围建筑延伸到西湖边，出寺即可观水，湖面水平如镜，烟柳画桥，风帘翠幕，正如诗中所描写的"幽寻得胜趣，城市几人能。古柳深中磬，长廊尽处灯"。昭庆寺闹中取静，僧人于此读经、学法、修持，悠然自得，恰似世外桃源。

明清时期，昭庆寺的规模比灵隐寺更大，清人吴树虚在《大昭庆律寺志》中对其规模有所记载："寺址东界武陵郡城，南界钱塘湖岸，西界石函桥放生碑石，北界庆忌山塔。"按现在昭庆寺旧址——少年宫的占地面积来估计，昭庆寺在明清时期的面积超过 5 万平方米，占据了保俶路约二分之一的路段。昭庆寺庙址介于钱塘门与武林门之间，正好处于水陆相接、热闹非凡的交通要道。彼时杭州还有内外城之分，昭庆寺成为了人们出城烧香礼佛或寻幽探胜的必经之路，而从别处来进香的香客从浙北、苏南坐船通过运河到此处附近的西湖码头上岸，人来人往，络绎不绝，其繁华程度可见一斑（图 6-6）。

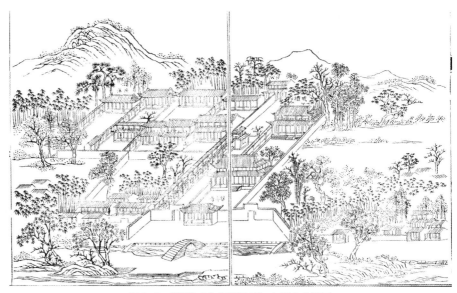

图 6-6 《南巡盛典名胜图录》中昭庆寺界画

（2）布局

昭庆寺规模宏大壮观，布局严整。香客从临西湖的码头上岸之后，沿着石板路穿过山门，便可以到达天王殿前。殿前可见三座桥，由左至右分别为涵胜桥、万善桥、归锦桥。西湖水由南往北，再由西往东形成一股溪流经过涵胜桥，又从万善桥的三个桥孔下流过，注入昭庆寺左面的青莲池，然后水流再经过东面的归锦桥，汇入西湖（图6-7）。按照佛教和中国传统的风水观，在佛寺的山门与天王殿之间用溪流和小桥相隔，是可阻止鬼魂进入的。

图6-7　昭庆寺万善桥与天王殿（马尔智，1925）

过山门后入寺院，正院中轴线上为三进院落，排列三座大殿，自南而北依次为天王殿、大雄宝殿、后殿（万寿戒坛）（图6-8）。昭庆寺的天王殿是一座典型的歇山顶建筑，面宽五间，脊椿很高，两端分别有雷公柱连吻椿。天王殿的背面是昭庆寺建筑群中轴线上的第一个院落，此院落中央设有一个体量较大的香炉塔，约有三人多高，造型独特，做工精美。穿过院落后即寺院的主体建筑——大雄宝殿，在中轴线的中心位置，为歇山顶、五开间的建筑，与天王殿相比较，在建筑风格上存在较大的区别：大雄宝殿的屋顶上既没有兽吻，脊椿上也没有任何华丽的装饰图案，风格极为朴实。大殿的后面为昭庆律寺的后殿，也就是著名的万寿戒坛所在地。昭庆律寺的独特之处就在于有这个戒坛，因此后殿也成为昭庆寺最重要的一个殿堂，它也是一座歇山顶、五开间的建筑，在《大昭庆律寺志》一书中对其有记载："后殿五间，高六丈六尺六寸。中筑万寿戒坛，坛奉卢舍那佛。御书'深入定慧'匾额。后壁画《大士过海像》，董旭、顾升合笔。石碣刻'古燃灯佛降生之地'八字。"每年农历三月，昭庆寺会召开戒会，并在受戒仪式结束之后颁发戒帖。

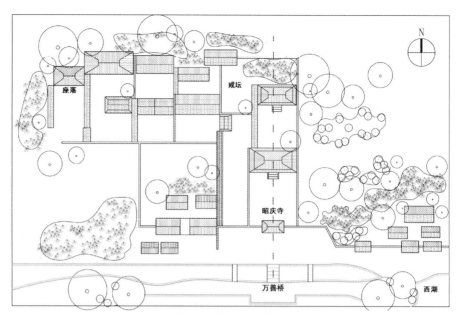

图 6-8　昭庆寺平面复原图

　　寺院中轴线的西面建筑群为僧人生活、修行的大寮，包括板堂、斋堂、首堂、库房和厨房，除此之外，还设有千佛阁、藏经阁、定观堂、观音井、看山亭等建筑。凡有院子的建筑都用廊围成合院，同时廊也作为四周的界线。全寺建筑排列井然有序，周围有高墙，寺院内安然肃穆。从寺中向外望，院中有景，寺外有树，又借西湖之景，湖光山色，禅寺钟声，相映成趣，且寺中苍松翠柏、茂林修竹，更显古寺之清幽，正如古人诗中所描写的"寺老不无树，树多更古拙"。

3. 西湖香市

　　给昭庆寺带来更大影响的是西湖香市。明清时期，杭州富甲江南，西湖秀美的湖光山色不但令无数游客流连忘返，神圣佛地更是吸引了数以万计的香客礼佛，虔诚的信徒年复一年地朝山进香，使得西湖和杭州城内各大寺庙烧香拜佛的场面和影响愈来愈大，逐渐成为一种融合政治、经济、文化、宗教、民俗等多种元素的西湖传统盛事——香市，也称"香汛"。每年春季大批香客到杭州各大佛寺进香礼佛，都在昭庆寺附近聚散，因此这座吴越古刹成了西湖周边最热闹的香客集散地与兴隆的大市场。

　　明末张岱的《陶庵梦忆》中有一篇《西湖香市》，其中描写道：

　　西湖香市，起于花朝，尽于端午。山东进香普陀者日至，嘉湖进香天竺者日至，至则与湖之人市焉，故曰香市。然进香之人，市于三天竺，市于岳王坟，市于湖心亭，市于陆宣公祠，无不市，而独凑集于昭庆寺，昭庆两廊故无日不市者。三代八朝之骨董，蛮夷闽貊之珍异皆集焉。至香市，则殿中甬道上下、池左右，山门内外，有屋则摊，无屋则厂，厂外又棚，棚外又摊，节节寸寸，凡簪珥、牙尺剪刀，以至经典木鱼、孩儿嬉具之类，无不集。

从上面的叙述中足可见明清时期西湖香市的盛况，每年农历五月香市时，昭庆寺内外都人满为患、摩肩接踵，各色商品，应有尽有，真可谓是繁华至极。这样大型的文化活动一方面促进了杭州佛寺的发展，另一方面则对杭州乃至沿线地区的社会经济发展都产生了很大的影响。

二、灵隐寺

灵隐寺位于杭州西湖以西峻秀山岭的幽谷中，背靠峰峦挺秀、古木参天的北高峰，面向怪石嶙峋、兀然独立的飞来峰，四周群山围拱，近闹市而无喧嚣，居尘寰而不污染，其境地之胜，古有"东南异境"之称。唐代大文豪白居易任杭州刺史时曾在其所撰《冷泉亭记》中说："东南山水，余杭郡为最。就郡言，灵隐寺为尤。"故灵隐寺被尊称为"东南第一山"，在杭州寺观园林中拥有极高的地位。

1. 历史沿革

灵隐寺又名"云林禅寺"，始建于东晋咸和三年，至今已有 1600 多年历史，是我国佛教禅宗五山十刹之一。328 年印度僧人慧理来杭，看到这里山峰奇秀，以为是"仙灵所隐"，故在此建寺，取名"灵隐"。五代吴越国时，钱王镠命请永明延寿大师，增建石幢、佛阁、法堂及百尺弥勒阁等，使灵隐寺焕然一新，并赐名为灵隐新寺。南宋迁都临安，高宗与孝宗常幸灵隐。绍兴五年由于宋室宣扬孝道，遂将灵隐寺改名为灵隐崇恩显亲禅寺。宋宁宗嘉定年间评定五山十刹，径山为第一，灵隐次之，净慈再次之，宁波天童又次之，阿育王为第五。宋理宗把灵隐崇恩显亲禅寺原有的大雄宝殿改名为觉皇殿，另赐书"妙庄严域"四字。明洪武十七年慧明和尚住持灵隐，改寺名为"灵隐禅寺"。此后灵隐寺又屡经兴废，至明崇祯十三年灵隐寺仅存大殿、法堂及转轮殿。清顺治五年冬，禅门巨匠具德和尚住持灵隐，立志重建，于是广筹资金，灵隐寺又一次得到大规模重兴的机会，使得灵隐寺梵刹庄严、古风重振，一跃成为东南之冠。康熙二十年，康熙帝巡幸灵隐，亲书"云林"二字，此后灵隐寺又称"云林禅寺"。乾隆皇帝六次游灵隐，并有诗记游，刊刻于石，其中题于乾隆十六年的一首诗，至今还立在天王殿前御碑亭中。咸丰十年，太平军进杭州，灵隐寺被毁。宣统二年，昔征和尚重建大雄宝殿。

民国时期，战乱频繁，后日寇入侵，灵隐寺又迭遭破坏。新中国成立后，政府拨款修复灵隐寺，由杭州灵隐寺大雄宝殿修复委员会主持修复工作，历经两年多，大殿修复方告竣工。又费时四年对全寺进行大修，大雄宝殿的木结构改成钢筋混凝土，后又重新扩建药师殿、藏经楼、华严殿、东禅堂、西禅堂和五百罗汉堂等。改革开放以来，灵隐寺按照历史上全盛时期的面貌进行了规划和建设，进入了新的全盛期（图 6-9）。

图6-9 灵隐寺及周边环境平面图

2. 园林分析

（1）选址

灵隐寺的选址颇具传奇色彩，印度僧人慧理从中原云游入浙，登临灵隐山，见山中之峰似曾相识，说："此乃天竺灵鹫山一小峰，不知何代飞来？佛在世日，多为仙灵所隐。"灵鹫山位于中印度摩羯陀国首都王舍城之东北侧，是著名的佛陀说法之地。灵鹫山为王舍城五山中最高大者，园林清净，圣人多居此处，佛亦常住于此，诸多大乘经典亦在此山中讲授。慧理言灵隐山峰为灵鹫山一座小峰，是从天竺飞来的，认为定有神仙灵气聚集。可见寺观园林的选址的确受到中国古典园林中神话仙境昆仑、蓬莱的影响，这也是灵隐寺选址的缘由。

　　从风水的角度，杭州堪称山水形胜之地，灵隐寺所处之地尤为盛。灵隐寺所处之山为武林山，《灵隐寺志》引用宋代《祥符图经》云："在县西十五里，高九十二丈，周回一十二里，又名曰灵隐，又曰灵苑，又曰仙居也。"总而言之，此乃仙山。所谓天下名山僧占多，历来佛寺大都建造在山清水秀、风水极佳的地方。灵隐寺的选址也不例外，武林山环境幽静，山林茂密，便于僧侣清修，山泉水源丰富，满足僧侣生活需要，小气候向阳背风，舒适宜人，交通便利，便于游人与香客通行，既有神秘的宗教氛围，也有风景园林学和风水学中的围护和屏障的特征（图6-10）。

图6-10　《南巡盛典名胜图录》中云林寺（灵隐寺）界画

（2）布局

　　灵隐寺的布局主要由前导空间和主体建筑群两部分构成。前导空间是景观序列开展的先导和环境的过渡，兼具独特的功能性和游览性，对园林的整体环境把握有着重要的作用。灵隐的前导空间不仅因地制宜地借助了四周灵秀的氛围，更彰显了佛宗的神圣。引导部分从山门起始，过了山门便是春淙亭，紧接着是由飞来峰石壁形成的纵向空间，一百多尊摩崖石刻造像栩栩如生嵌刻于石壁中，宛若注视着到访的游客，佛教神秘、庄严、肃穆的氛围油然而生，让人不自觉地产生崇敬之心。再往前行，可见灵隐寺建筑群掩映在山林之中，继而豁然开朗，一组组气势恢宏的建筑群展现在眼前（图6-11、图6-12）。

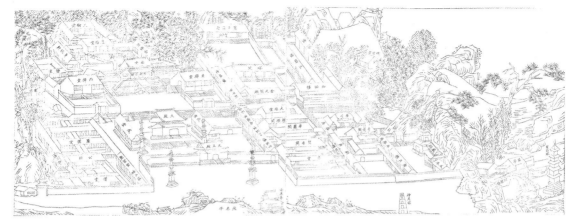

图 6-11 《武林灵隐寺志》里的灵隐寺界画

图 6-12 回龙桥和春淙亭老照片（马尔智，1925）

灵隐寺现貌是以明代为底本，建筑布局融入了浓厚的中国传统文化内涵，主要体现为儒家文化对寺院建筑布局的影响。明代灵隐寺建筑布局基本遵循伽蓝七堂制度，伽蓝即僧院，一所伽蓝之完成须具备七种建筑物，特称七堂伽蓝。"伽蓝七堂制"形成于宋代，"伽蓝七堂"的布局同我国传统四合院布局较为一致，从而成为我国佛寺建筑的固有标准，即主要建筑沿中轴线布置，有天王殿、大雄宝殿、药师殿、藏经楼、华严殿，突显了寺观庄严肃穆的氛围，轴线两侧则布置各类附属建筑（图 6-13）。

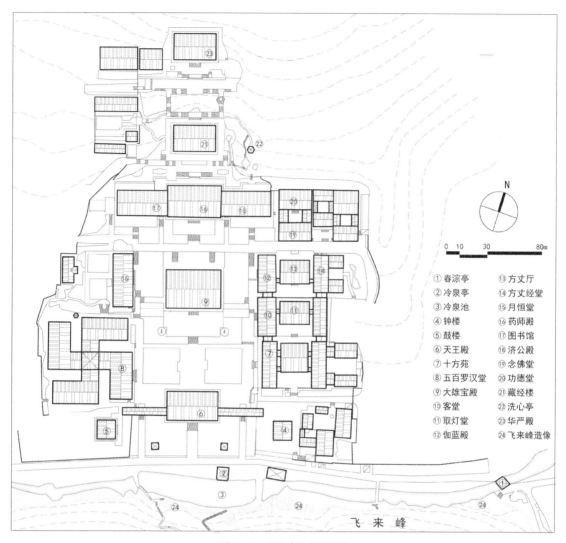

图 6-13 灵隐寺现状平面图

清代灵隐寺的建筑布局与明代有所不同，从《南巡盛典名胜图录》的界画中可以看出，建筑依山就势布局，院落层层抬高，整体气势恢宏。寺庙共分四组建筑群，有四条轴线关系。西侧的为主轴线，轴线上是灵隐寺的主体建筑，即伽蓝七堂制中的天王殿、大雄宝殿、药师殿；北侧靠近山体处分别以坐落和佛阁展开两条轴线空间，佛阁体量之大足以看出清代灵隐寺藏经书之丰厚，东侧有一组小型建筑群，相互围合而成小的院落，为僧侣的生活用房。清代灵隐寺整体布局结构紧凑，建筑之间有机组合，从而形成丰富的空间形态。

（3）园林要素

1）山石

灵隐寺造园所用山石多因地制宜，为当地自然石材，其中最为突出的即是飞来峰。飞来峰是灵隐寺的重要标志，是浙江规模最大的一处造像群，是我国南方古代石窟艺术的源头之一，也是园林中利用自然山石进行人工创作的典范。飞来峰高 168m，在巍然屹立的山石中，耸立着参天古树，龙泓洞、玉乳洞、射旭洞以及溪涧边的峭壁上分布着五代至宋、元时期大大小小石刻造像 470 多尊（其中保存完整和比较完整的有 335 尊），尊尊都栩栩如生。青林洞入口靠右的岩石上有年代最早的弥陀、观音、大势至等三尊佛像，为 951 年所造。宋代造像有 200 多尊，元代汉、藏式造像约 100 多尊，其中青林洞口外壁上的毗卢遮那和文殊、普贤造像，是杭州西湖最早的一龛元代石刻造像。"溪山处处皆可庐，最爱灵隐飞来孤"，苏东坡这两句诗鲜明地道出了灵隐飞来峰自成一景，是为园林胜地（图 6-14）。

图 6-14　飞来峰造像

2）水体

水是传统园林中的"脉"。灵隐寺有溪水、泉水、池水。溪水即山间小溪，环寺旁山脚处潺潺流淌，溪水为活水，既满足了僧人日常用水所需，又给灵隐寺增添了几分灵动之感。泉水即灵隐寺放生池附近的名泉，分别为卧犀泉、白沙泉、茯苓泉、莲花泉，以及飞来峰西麓的冷泉。《增修云林寺志》云："在飞来峰顶，石岩无土，清可啜茶。"说的就是莲花泉。明代画家沈石田诗云："湖上风光说灵隐，风光独在冷泉间。"即是掩映在绿荫深处的冷泉。无论山涧溪流涨落，冷泉都喷涌不息，飞珠溅玉，如奏天籁。冷泉池畔还建有冷泉亭，作为赏玩冷泉的场所。池水即灵隐寺的放生池，水自山涧中来，汇而为池，驳岸由天然岩壁和人工砌筑的山石围合而成，池水清澈见底。这样丰富的水体形态，活化了园林景观氛围，也与山林、建筑一起共同构成了清修的禅宗空间（图 6-15）。

图 6-15　冷泉亭及背后的溪流（马尔智，1925）

3）植物景观

灵隐寺地处西湖群山中，自然环境优异，花木资源十分丰富。据相关史料查阅可知，灵隐寺的花木主要有两大类：一类为有佛教寓意的花木，如七叶树、莲花等。灵隐寺的"镇山之宝"正是 2 棵千年七叶树，七叶树是佛教的四大圣树之一，和"娑罗树"一样被视为佛教的象征，夏初开直立密集型白花，极像一串串玉质小佛塔。莲花清幽淡雅，能使人心神宁定，看到莲花就会让人不禁想到莲花座上的佛陀或菩萨。

第二类为中国传统文化中常见的花木，如梅、兰、竹、菊、松、桂、香樟等，这些花木的种植，不仅使寺院园林景致增色许多，更让园林呈现出浓郁的中国传统文化色彩（图 6-16、图 6-17）。唐代宋之问《灵隐寺》一诗云："鹫岭郁岧峣，龙宫锁寂寥。楼观沧海日，门对浙江潮。桂子月中落，天香云外飘。扪萝登塔远，刳木取泉遥。霜薄花更发，冰轻叶未凋。夙龄尚遐异，搜对涤烦嚣。待入天台路，看余度石桥。"由此看出灵隐寺的月桂尤为出名，诗中的"桂子"供香客及游人游赏。"九里云松"是灵隐寺松树群植的典型，始成景于唐代，清雍正《西湖志》卷三中记载："唐刺史袁仁敬植松于行春桥（即今洪春桥），西达灵竺壁，左右各三行，每行相去八九尺。苍翠夹道，阴霭如云，日光穿漏若碎金屑玉，人行其间，衣袂尽绿。"可见灵隐寺松树是当时的一大景观。

图 6-16　灵隐寺天王殿前对植的香樟

图 6-17　灵隐寺内竹林

三、关帝庙（玉带晴虹）

玉带晴虹为清十八景之一，包括金沙堤和玉带桥两部分，金沙堤上有关帝庙。关公文化形成于宋元到明初时期，到了明清两代，进入鼎盛发展阶段，同样关帝庙的建筑形态和建筑布局也经历了不同历史阶段的兴衰演变，最终形成了"关公庙貌遍天下，五洲无处不焚香"的蔚为壮观局面。西湖金沙堤上的关帝庙正是清代全国众多关帝庙之一。

1. 历史沿革

金沙堤始建于南宋淳祐年间，清雍正八年浙江总督李卫重筑。堤为西湖疏浚淤泥堆筑而成，东起苏堤东浦桥，西至西湖西岸。堤上构石梁，设三洞，状如带环，名为"玉带桥"。桥上构亭，植花柳环之；桥与关帝庙相接。乾隆十六年乾隆皇帝第一次下江南来此游玩，对此地赞不绝口。光绪二十三年，杭州知府林启在金沙港关帝庙址创办蚕学馆。清末，玉带桥与桥亭俱毁。辛亥革命后，蚕学馆几经更名、易址，现在发展成为浙江理工大学。1983 年，杭州园文局按清雍正年间尺度和式样建造了玉带桥，并恢复桥亭，关帝庙原址现为曲院风荷的一部分，庙内建筑都已不存（图 6-18）。

图 6-18 "玉带晴虹"中仅存的玉带桥

2. 园林分析

（1）选址

玉带桥在苏堤的西侧，东与苏堤相接，西眺曲院风荷，南望浩渺的西里湖，北观栖霞岭，有着得天独厚的位置。关帝庙东起玉带桥，西至杨公堤。庙宇选址于西湖西岸，北有岳飞庙，南有于谦祠，可坐观南北高峰，整体形成清净的寺观园林氛围。香客或是乘船而来，或是步行经苏堤过玉带晴虹，可见此处关帝庙择址于岛，背靠缥缈沉浮的远山，近邻雾气沆荡的烟水，四周树荫层叠，园中楼阁若隐若现，自成系统，这是《园冶》中典型的江湖地："江干湖畔，深柳疏芦之际，略成小筑，足征大观也。"在此环境中，关帝庙借景西湖修筑屋宇台榭，在悠悠烟水和澹澹云山的映衬下，自有一种亦真亦幻的修道成仙意境，形成一种小隐隐于野的神秘之感。

（2）布局

玉带晴虹引西湖水入内，内外水系相通，使得建筑多依水而布置。整体布局上，全园共由三部分组成：东南面为前导空间，中部为庙宇建筑群，西部为园林区。东南面的前导空间与玉带桥相接，临水处设码头，是关帝庙的入口区，中部庙宇建筑呈规则式布局，规制宏敞，坐北朝南，穿过墙门，即可到达东部园林区，园林以一潭静水为中心，各类型建筑环水而设，叠山理水充满自然神韵（图6-19、图6-20）。

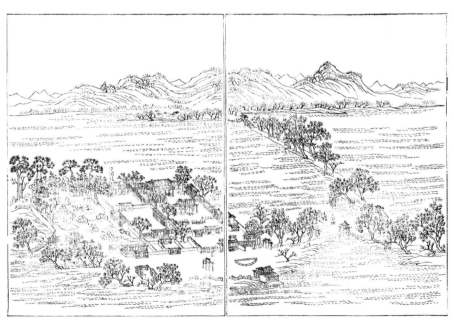

图 6-19　《南巡盛典名胜图录》中玉带晴虹界画

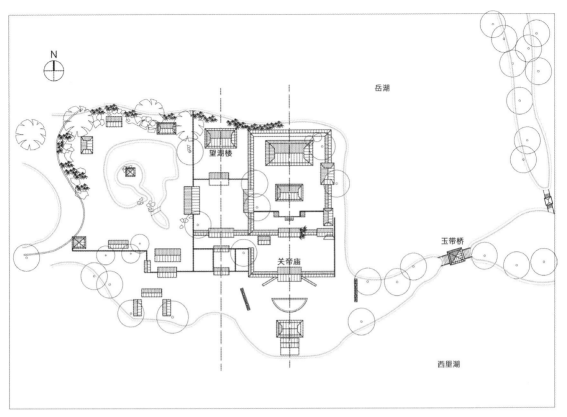

图 6-20　玉带晴虹（关帝庙）复原平面图

　　前导部分由一株杨柳一株桃的苏堤进入，过东浦桥便到了金沙堤，继续西行，望见桥上筑红亭，正应了《湖山便览》描述的"垂之则有卧波中，衔绥惟鱼幻岂虹"之景象，之后经过一座牌坊至关帝庙，庙的入口处有一方半月形的泮池，放生池的西面也耸立着一座牌坊，两者相互呼应，南面为码头，游人可由水路到达关帝庙。这一连续的空间序列，让人逐渐沉浸在对"大义参天地，精忠贯日月。文章传万世，武略定千年"的一代名将关羽的崇敬和追忆中，最终游人的视线关注到关帝庙主建筑之前的八字照壁上。八字照壁是众多照壁形式的一种，主要用于寺观园林中。游人再由照壁处的正门进入到关帝庙中。

　　《清会典》中定制关帝庙："南向，庙门一间，左右门各一，正门三间，前殿三间，殿外御碑亭二，东西庑各三间，东庑南燎炉一，庑北斋室各三间，后殿五间，东西庑及燎炉与前殿同，东为祭品库，西为治牲间，各三间，正殿覆黄琉璃瓦，余为筒瓦。"此处关帝庙也不例外，也是按照这样的规制进行布局。东部建筑群轴线关系最为突出，码头、半月形的泮池、八字照壁、山门、廊庑围成的献殿、正殿和寝宫呈南北轴线分布。每个院落之间除了甬道相通外，各自又形成独立的空间单元。各个单元的主体建筑和两侧的配殿以及前面殿堂的背立面，又形成一个个四合院落空间。各个院落尊卑有序、等级森严，符合礼制伦理思想。西侧轴线，以望湖楼为终点。除此之外，建筑屋顶多采用庑殿、歇山类型，且用琉璃瓦铺设，黄色的琉璃瓦面是皇宫建筑材料，是最高等级建筑物的标志，到了清代，关公被封为华夏第一神，这一建筑形式彰显出关公极高的社会地位，具有无上的权威，而正殿前留有足够大的场地，便于民众进行各类祭祀礼仪活动。

西部的园林区，是整个寺观园林的附属部分。由正殿回廊启径而入，目之所及为一片园林小天地，叠石为山，疏泉为池，错置亭榭，各式建筑都围绕中心的一方泉池布置，有观澜亭、垂钓亭、蔷薇洞、琼花岛以及月榭、露桥、岑楼、船室诸胜。关公故乡解州关帝庙的园林区布局与此类似，经过文献考证，是依照"桃园三结义"的故事构建。以此推测，此处园林区的布局可能也有此种内涵。

（3）要素

1）叠山理水

据《湖山便览》中记载，东部园林区内原有泉，建造者在此基础上疏通并开凿自然式水体，水面被琼花岛和露桥分隔成大小不同的三个部分，无形之中扩大了水体的空间感，沿水布置有各式建筑，步移景异，但始终以这潭泉池为中心，极大丰富了游观时的体验。水尾两岸用高低错落的石峰隐掩，在柔化驳岸线的同时也起到一定的衬托作用，使水源幽深迷远，强调"入奥疏源，就低凿水"的理水手法。同时，传统园林建造的最高追求是将情怀山水化，道家崇尚"道法自然"的思想，强调在超越世俗的境界里静享自然之美，金沙港关帝庙尽管地处江湖地，没有神仙居住的高山云雾缭绕隐居之境，但是在园林的叠山理水中，似乎也能感受到道家坐看山水的气定神闲。

2）植物配置

玉带晴虹的主要植物景观为荷花、梅花和竹子。玉带桥上是赏荷的绝佳地点，曲院风荷的荷花几乎绵延岳湖一周，曲院中赏荷多是平地近观，以荷花结合动态的游线给人以空间变化之感受，而在玉带桥上借桥之高势俯瞰、远观都别有一番更深的意趣。同时，不仅夏日田田的荷叶和亭亭的荷花给人以美感，秋日凋零的荷叶也别有一番"留得残荷听雨声"的情趣。

关帝庙后植梅数百株，成为清时期的赏梅圣地。漫步梅林，暗香浮动，更有"风递幽香出，禽窥素艳来"，"一种清香，占断百花香"之感慨。道教把榔梅作为法树，榔梅是梅花的一种，大概也是因为梅花经苦寒而溢芬芳的特性，与道教奉行的清修苦练的教旨相符合。同时寺内大量栽植竹子，道教把竹之生命品性归结为：虚、直、贞，"惟竹之得于天者最清"，这与关公"忠、勇、仁、义"的品质也正好契合。

四、黄龙洞

黄龙洞位于栖霞岭后的山麓上，因古洞成名，"黄龙积翠"从清代起就在西湖中独占一景。清代钱塘诗人张丹喜爱山水，他在《游黄龙洞》诗中写道："侧径缘山转，疏篱逼涧澄。汗流超石级，色冷嚼潭冰。密竹青无数，危松翠几层。日阴檐上雪，云网槛边藤。绝壑窥龙卧，飞岩见佛凭。偶同二妙赏，兴发自相乘。"可见黄龙洞树荫森森，流水悬泉，重峦献翠，不虚为清代杭州二十四景之一。黄龙洞在宋、元、明、清都是佛教圣地，但民国时期却成了道观。道教寺庙中，称之为"洞"的道观，跟叫宫、观等比起来，属于低级别的小庙，而正因此，黄龙洞与杭州的民风民俗亲近地联系在一起。1985年，易"积"字为"吐"字，黄龙洞以"黄龙吐翠"之名被评为"新西湖十景"之三。

1. 历史沿革

黄龙洞历史悠久，代代相传，最早建于南宋淳祐年间，原为佛寺，初名护国仁王禅寺。南宋，杭州遭遇大旱，宋理宗请江西龙兴（现南昌）黄龙山慧开禅师来杭州作法求雨，于是慧开法师来到杭州栖霞岭开山，宋理宗赐"护国仁王禅寺"匾额。到了元代改为无门洞，称护国黄龙寺。明末清初，黄龙洞大部分已毁，改为退庐洞。民国七年，住持僧汝开把黄龙洞卖给广东罗浮山冲虚观道士郑宗道，从此黄龙洞由佛寺改为道观，成为冲虚观在杭州的分院。郑宗道恢复黄龙洞的名字，建设山门、二门、殿堂等道观格局的建筑，使黄龙洞成为杭州主要道观之一，也是著名的寺观园林。民国二十年，各界人士建议在洞内凿"龙头"沟通栖霞岭的泉水，使泉水顺着"龙嘴"流出，从此黄龙洞愈加名副其实。建国初期，黄龙洞内仍有道教活动。"文革"期间，黄龙洞宗教活动中断，1971年改为对外开放的公园。黄龙洞内原有山门、龙头、清泉、竹景、亭台等道教遗迹尚存，成为西湖名观。

2. 园林分析

（1）选址

黄龙洞位于杭州城西，西湖以北，栖霞岭北麓，三面山丘环绕，选址闹中取静，主入口从岳庙边一条山径拾级而上，左右二山夹峙，路旁有翠竹千竿，景色极为清幽，过剑门关、紫云洞、白沙泉，全程行山路约1km即可到达（图6-21）。

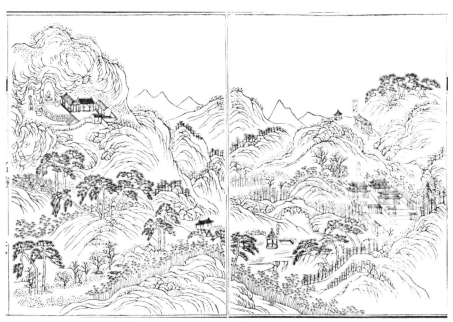

图6-21　《南巡盛典名胜图录》中黄山积翠界画

（2）布局

黄龙洞空间布局因地制宜，整体可分为两大部分，即前导空间和主体建筑院落（图6-22）。

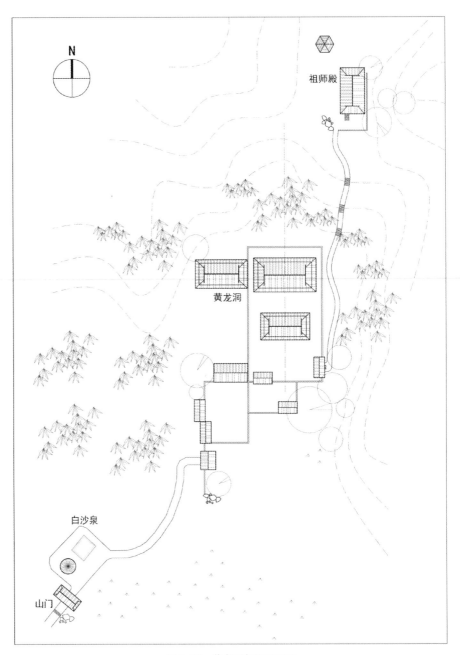

图6-22 黄龙洞复原平面图

从山门到二门之间，即黄龙洞的前导空间。黄龙洞正殿利用地形优势，偏居高处，与山门并不直接相对，此部分由一段曲折的石级路相连。石级路随地势缓缓升起，从空中俯瞰，宛如一条游龙，这条路作为进入主景区的主路，也是主要的游览路线（图6-23）。石级路一侧花草水池、古木修篁，刚健与柔美并存，另一侧为随地势起伏的矮墙，墙上开有龙窗，窗外透出竹影绰绰，显示出步移景异的动态效果。这条路进一步点出了"黄泽不竭，老子其犹"的深刻道义，是从尘世凡界通往仙境的转化之路。黄龙洞的前导空间虽不长，但采取"一波三折"的方式，沿途景观丰富多变，使游人在无意之间完成了由世俗空间到宗教空间的转换。

图6-23　曲折的石级

　　进入二门，便是前殿的入口小院。明清时期布置简约，没有水池，现今改动较大，以水池为中心，环绕着假山和亭台。水池对面，有一个人工雕刻的活灵活现的黄色大龙头，从栖霞岭上引来的泉水，从龙头口中流出，形成多级叠瀑水景，然后流入水池，哗哗有声（图6-24）。黄龙洞建筑较少，仅有主殿部分处于中轴线上，其余建筑因地制宜地穿插于自然山体中，与周围环境紧密结合。主殿四周是一片略有起伏的坡地，遍植高大的乔木和竹林，林木繁茂，作为主殿的背景。另有祖师殿建于更高的山岗上，由蹬道与主殿区域相连。整体布局简洁而有序，充分体现了山地寺观园林的特点。

（3）园林要素

　　黄龙洞的堆山叠石中没有土山，主要是黄石假山。黄石假山主要位于祖师殿前，依山势起伏砌筑而成，或聚石造型，或孤峰独立，重峦叠翠，与周围的山林景观融为一体，各座假山石峰之间有山门、石桥、平阶连通，并绕过三清殿之后在东北角上堆叠高起，点缀亭榭，形成一处小景点，进入假山，可见曲折迷离，雄浑与俊秀兼而有之。黄龙洞的假山延续真山脉络，将山景延续到园外，与无锡寄畅园八音涧有异曲同工之妙（图 6-25）。

图 6-24 黄龙吐水

图 6-25 黄石假山依山就势堆叠

"水不在深，有龙则灵。"这八个字点出了水景是黄龙洞的点睛之笔。黄龙洞有白沙泉，更有栖霞岭之泉水。民国时期凿龙头，将栖霞岭的泉水引入园内，使泉水顺着"龙嘴"流出，成为黄龙洞的一大特色，这与西方传统造园的理水手法同出一辙。

黄龙洞的竹景堪称一绝，这里四周山坞竹林茂密，翠竹刚劲挺秀，高达10多米，形成一片竹海，与黄龙洞道家的仙境氛围相得益彰（图6-26）。明清后还自普陀山引种干细色深的紫竹，另有黄金间碧玉竹、笔杆竹、罗汉竹、龟甲竹点缀在假山和庭院中，风姿绰约，独具特色。

图6-26　茂林修竹

五、六和塔

"六和塔巍峨，钱塘江浩渺。百尺插穹苍，一览众山小。"雄伟壮观的六和塔，高高耸立在钱塘江畔的月轮山上，背靠着绵延青山，面对浩瀚钱江，在苍郁的绿荫丛中，飞檐流角，傲然挺立。沉默了千年时光，记录着风雨盛衰，阅尽世间沧桑。它如同一个历经世事的老者，在江畔独自沉默，一如无言的诉说，承载着杭州城的众多记忆。如今六和塔作为杭州西湖著名景点之一，以它依山靠水的绝佳位置吸引了众多游客，"六和听涛"因此而得名，成为"三评西湖十景"之二。

1. 历史沿革

据史籍记载，六和塔于北宋开宝三年，由当时的吴越王钱弘俶为镇江潮而建，至今已有一千余年历史。六和，指的是"戒和同修，见和同解，身和同住，利和同均，口和无争，意和同悦"。塔建成后就取六和之意，命名为"六和塔"。六和塔又称"六合塔"，则取自"天地四方"之意。六和塔初建时，塔身共有九级，高五十余丈，当时人们称它为"撑空兀突，跨陆俯川"，可见其规模之大。塔顶上还装有塔灯，作为钱塘江上行驶船舶的航标。

六和塔自建成后，一千余年来，由于战争不断，塔身屡建屡毁。宣和三年毁于战争烽烟，几乎破坏殆尽。到南宋绍兴二十三年，学僧智昙自告奋勇主持修建六和塔。智昙筹集资金，组织力量，积极营建，直至隆兴元年竣工，历时 10 年时间，建成后的六和塔高度已远不如前，只余七级，与它同时建成的还有塔院。隆兴二年，宋孝宗赐号该塔院为"慈恩开化教寺"，通称开化寺。明嘉靖十二年，倭寇火烧六和塔，塔外檐木结构荡然无存，砖身在这场大火中幸免于难。万历年间，莲池大师主持大规模重修。崇祯九年，清兵炮轰杭州城，六和塔烧毁。清雍正十三年重修。清道光三年再修。道光二十三年，六和塔失火，外檐木结构烧毁。光绪二十六年由朱智主持重修，即我们现在看到的六和塔。

新中国成立以来，浙江省委、杭州市园林局、城建局于 1953 年、1971 年对六和塔进行过两次大型保养性维修。清华大学建筑学院于 1986 年对六和塔进行了全面的探查，在原有基础上对结构做了加固，对塔身进行了防雷、防火等措施，并对残损部位做了修补工作。

2. 园林分析

（1）选址

六和塔位于西湖之南，钱塘江畔，月轮山上，依山靠水。塔院坐北朝南，古朴庄严。月轮山，是龙山的支脉，因其形圆如月而得名。这一带苍山如海，林木森森，流光溢翠。契灵和尚曾经这样描述月轮山："松声谡谡晚烟淡，涧水峥峥秋月明。"山间松柏林立，郁郁葱葱，涧水潺潺，月轮山的美丽可见一斑。六和塔就建于山顶，将月轮山的美景尽收眼底。四周山峦起伏，南望为秦望山，风景迤逦。近旁又有金鱼池、秀江亭等胜迹，吸引无数文人墨客在此留下墨宝。

"浮屠矗立俯江流，暮色苍茫四望收。"波澜壮阔的钱塘江潮汐，是自然造化的杰作，素有世界奇观之誉，且一年四季都能领略，尤以中秋前后最为壮观，吸引无数游客前来欣赏。六和塔就矗立于钱塘江畔，自南宋以来便成为观潮胜地。登塔观潮，成了月轮山的重要游赏内容。除此之外，听涛也是众多文人墨客喜爱之事，听涛比观潮更需专一用心，更易启发遐思，心领神会，体味万千意象。

（2）布局

沿月轮山拾级而上，可见一座"净宇江天"牌坊立于二层台基之上。过牌坊北行，经过条石铺成的甬道，塔居正中，四周矮墙围绕，可见六和塔全貌。从塔内沿台阶而上，面面壶门通外廊，各层均可倚栏远眺。苍郁的群山，浩渺无际的江面，赏心悦目，因此有诗云："径行塔下几春秋，每恨无因到上头。"紧贴塔基北缘有喷月泉，被毁后新建六和泉池，六和泉水与"天下第三泉"虎跑泉同出一源，泉水清澈，甘洌异常。泉池小巧玲珑，呈半月形，恰与六和塔所在的月轮山相互呼应。站在六和塔畔，前后瞻望，不禁使人联想起苏轼"门前江水去掀天，寺后清池碧玉环"诗句中的优美意境。

塔的东面建有望江亭，游人于此远望，可远眺钱塘江的壮阔江景与城市景观。西面则建有开化寺。因该寺依塔而建，故又名六和寺，因位于月轮山，亦称月轮寺。开化寺的建造反映了中国早期寺庙的风格，即先有塔，后有寺，寺以塔为中心而建，而不像后期寺庙建筑那样，以塔为附属物。开化寺由照壁和三进院落组成，白墙黑瓦，沿南北方向的中轴线排列，第一进院落内有钟楼与鼓楼，依中轴线自外而内，依次为天王殿、弥勒殿、大雄宝殿、法堂（图6-27、图6-28）。如今寺虽已不在，但从残余的建筑中还可窥见当时格局之一斑。开化寺东、西面建筑则为僧侣居住修行之所，此处栽植香樟等大树，后山又有松、竹映衬，环境清幽（图6-29）。塔北面依山而筑有龙王祠，以祭祀龙王。自六和塔西下几十步台阶，就能到达钱塘江码头。

图6-27 《南巡盛典名胜图录》中六和塔界画

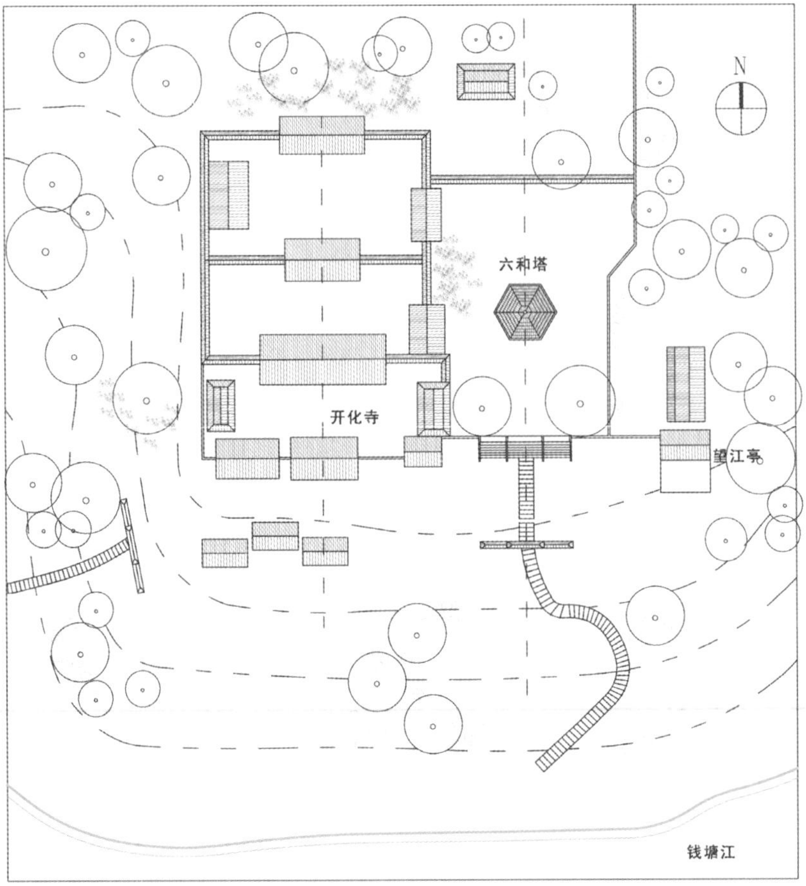

六和塔

开化寺

望江亭

N

钱塘江

图 6-28　六和塔复原平面图

图 6-29　开化寺遗址

（3）建筑

"巨浪滔天谁砥柱，孤峰千古自崔巍。"六和塔高大巍峨、造型优美、结构严谨，其砖砌之躯带着千年印记，承载着上至帝王贵族、下到黎民百姓的期许，成为我国古代楼阁式塔的杰出代表，也是历史文化名城杭州最重要的高大建筑遗存。六和塔经过明末战争频繁地摧毁，塔身损毁严重，塔院一片萧索景象。后雍正年间经过大规模修缮，六和塔恢复了初建时的庄严，寺院规模也日益扩大。在浙江众多佛塔中，其体量、造型及功能都卓绝群伦，堪称我国古代建筑艺术与造型艺术的杰作。

六和塔为清光绪年间重新修筑，为多层密檐楼阁式砖木结构。塔身自下而上塔檐逐级缩小，从外部看，共十三层木檐，它包裹着七层可上人的砖砌塔身，六层封闭塔身，整体呈"七明六暗"的建筑格局，塔内每级之间，铺有螺旋式阶梯，回旋上升，直至顶层。曲折的木制楼梯，显得塔内非常宽敞；砖石塔心壁上有二百多处砖雕，雕刻精细，轮廓清晰，活泼生动，栩栩如生，有人物花卉、飞禽走兽、佛教故事等。塔外作八角形，层层向上递减，檐上檐下，明暗相间，层次分明。塔的每层檐角上挂有铁马铃，每当微风吹拂，玎琤有声，悦耳动听。纵观整座六和塔，结构造型优美，比例和谐，稳重挺拔（图6-30）。

图6-30　光绪年间朱智修缮后的六和塔

六和塔的构筑中也体现了登高远眺的艺术构思，每级木围栏俱设有三窗洞，可让游人凭窗远眺。远处水天开阔，山岭盘纡，烟波浩渺。江风徐徐，谛听铃铎声声，恍若置身青冥，不似人间。与西湖的隽秀柔美相比，大异其趣，令人感慨天地之豪迈广阔，更觉个人之渺小，宇宙之广袤（图 6–31、图 6–32）。

图 6–31　六和塔老照片（民国时期）

图 6–32　如今的六和塔

六、福星观

杭州福星观位于西湖与钱塘江之间的玉皇山顶，原名玉皇宫，是东南沿海著名道观。福星观是全真道的圣地，有上海福星观、杭州福星观、上饶福星观等。全真道也称全真教和全真派，是道教最重要的宗派，被天下奉为"太上玄门正宗"，以全老庄之真为宗旨，包容、合并了太一道、真大道和金丹南宗，提倡"三教合一"。

1. 历史沿革

据清人卓炳森《玉皇山庙志》中记载，唐玄宗开元年间，有位上山采花的老人，遇见一道人，问之，则曰："特朝三清道祖。"即时腾空而去，一时传扬，松花老人便开山启建玉龙道院，院内建大罗宝殿，供奉三清三宝三天教主。玉龙道院便是福星观的前身。到了明正德十三年，道士罗普仁，在此修行13年，大悟超凡，正德皇帝敕封为"无为宗师"。他扩建了玉龙道院，正式取名"福星道院"，俗称福星观，《杭州玉皇山志》中称他为福星观的开山祖。到了清代，道观香火仍盛。雍正年间，浙江巡抚李卫以"火患之多，动辄千百家"为由，在玉皇山顶开凿日月池，又于山腰处安置七星铁缸，取以水制火之意。清咸丰十一年毁于战火。同治三年，全真道道士蒋永林，号长青子，从天台山崇祖观来到杭州，看到玉皇山福星观因兵祸化为灰烬，深感痛心，于是决心重建。时任浙江巡抚杨昌睿、布政司卢定勋、杭州知府龚嘉俊、钱塘知县曾国霖、仁和县知县姚光宇等官员，慨捐巨资助建福星观，经过多年的努力，福星观及七星铁缸终于在光绪元年重新建成。民国八年紫东道人李理山担任方丈，他修建了一条一丈五尺宽的上山马路，又开辟紫来洞、太极园，建造七星亭、月保亭等，既美化了福星观四周的景观，又让福星观成为杭州登高望远的佳地，最终使福星观成为东南著名道观。1956年，福星观被迫关闭，随即收归杭州市园林局，后被改为福星观素菜馆。2004年7月，恢复开放为道教活动场所。

2. 园林分析

据《玉皇山庙志》载，清同治前期福星观的原有建筑为："旧殿系四发戗，两翼共四十椽，前殿三间，共二十一椽，山间一间，两椽。官厅楼房三间，两厢共四十二椽，归厨房三间，每间六椽（图6-33）。"现存福星观是在清代原址上修复重建的，由神殿、生活区以及穿插其间的园林三部分组成，建筑布局吸收了佛教寺院建筑和中国传统建筑的特点，先为山门，主要殿堂居中，两厢为配殿（图6-34）。山门处观前建筑有石牌坊一座，正面书"玉皇上帝"，背面书"普济群生"。两边柱联为住持蒋永林题："夫玉皇山者，山感天下之首灵；于福星观者，观为世上之阴骘。"过牌坊后见南天门，即第一门，匾额上书"南天门"三字，两边楹联，为龙门弟子拜明俊题："望彻尘寰，远近江山悬一画；南连云汉，东西日月跳双丸。"皆有浓郁的道教文化气氛，令人回味。神殿包括财神殿、凌霄宝殿两处，是福星观宗教活动的主要场所，处于建筑群之主要轴线上，为整个建筑群之主体（图6-35）。殿堂内设置神灵塑像或画像。生活区包括福星观素菜馆，即客堂、斋堂、厨房及附属仓房，布置于建筑群主要轴线侧面。园林部分设计得最为灵动，有天一池、江湖一览阁、登云阁和穿插于建筑中的4处院落。其中江湖一览台位于北面，"台者，持也，言筑土坚高，能自胜持也"。站在上面可以欣赏西湖的美景，俯瞰苏堤和雷峰塔别有一番情趣，给人以一览众山小之感，台上书写"湖上萧疏雨，山间霜暮雪"，山与湖之间的关系瞬间拉近许多（图6-36）。登云阁，位于南面，"阁者，四阿开四牖"，是一种四面开窗的四坡顶建筑。站在阁内近可看道观内的小庭院，远可观壮阔的钱塘江和钱塘江大桥。恰是左江右湖，尽收眼底。天一池位于入口处，顺应山体地形开凿水池，作为全园的水景所在，既起到了放生池的作用，又可作为建筑防火取水所在，池畔砌有太湖石。"天一"之名取自"太一"神名，也作"泰一"。《史记·封禅书》："天神贵者太一。"《索隐》宋均云："天一、太一，北极神之别名"，体现了道教文化的内涵。

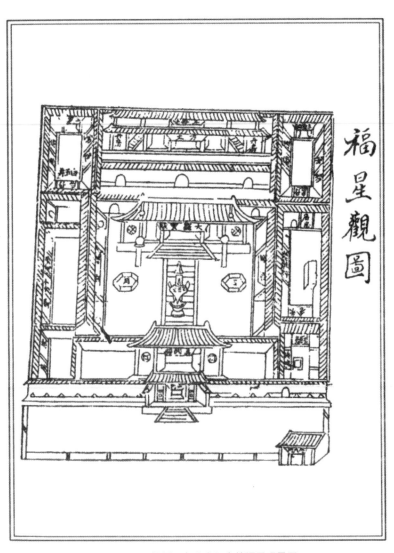

图6-33 《杭州玉皇山志》中的福星观界画

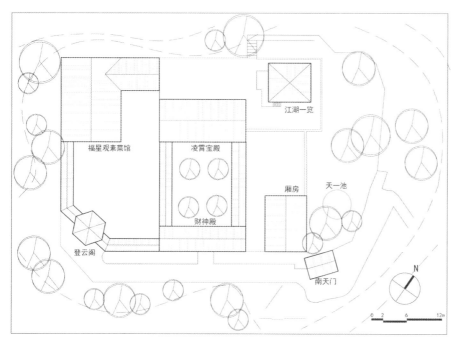

图 6-34　福星观现状平面图

图 6-35　灵霄宝殿

图 6-36　江湖一览

　　福星观建筑之藻饰，鲜明地反映了道教追求吉祥如意、长生久视、羽化登仙等思想。如描绘日、月、星、云、山、水、岩石等，寓意光明普照，坚固永生，山海年长；扇、鱼、水仙、蝙蝠、鹿等乃分别为善、裕、仙、福、禄之表征；而莺、松柏、灵芝、龟、鹤、竹、狮、麒麟、龙、凤等又分别象征友情、长生、不老、君子、辟邪、祥瑞等，又有以福、禄、寿、喜、吉、天、丰、乐等字化作种种式样，在器具或建筑物上与其他花纹伴用，作为装饰。此外，匾额题有"逸气""清静""无为""清风"等词，都渲染出道观的氛围（图 6-37）。

图 6-37　匾额上的"逸气""清静""无为""清风"

明清杭州书院园林

中国书院教育始于唐代，发展于宋元，而兴盛于明清。明清时期亦是杭州书院发展史中的鼎盛时期，这一时期杭州书院数量众多，规模较大，在教育制度创新及文化传承等方面都获得长足发展，以万松书院等为代表的杭州书院在办学理念、教育制度、经营管理等方面既继承传统，因循守成，又融通互补，推陈出新。

第一节　明清杭州书院园林概况

一、明代杭州书院园林发展概况

明代在杭州书院发展史中具有划时代的意义，它经历了明初百年沉寂到中后期复兴繁荣两个阶段。据统计，明代杭州共创建与兴复书院 19 所，书院数量为元代的 3.8 倍。不仅书院数量变多，并且规模也不断扩大，根据书院的主要活动可分为祭祀式书院、讲会式书院和考课式书院三大类。

较之宋元时期，明代杭州书院的内涵更为丰富，书院活动也更为充实。在教学方面除教授传统的四书五经外，王阳明与其弟子论学问答的《传习录》也是讲学的重要组成部分。同时，讲会成为书院教学的重要形式，使得书院学术气氛较之宋元时期更为活跃。书院在明代也形成了完整规范的学规，并且开始刊刻反映书院自身发展、教学和讲会情况的文献。该时期祭祀活动的过程更为严格而规范，以引发师生对于儒学的信仰及对儒家伦常道德观念的认同。

据《明史》记载，在明代初期统治者坚持"治国以教化为先，教化以学校为本"的思想，强调"内设国学，外设郡学及社学，且专宪臣以董之"的文教政策，尊经崇儒，积极发展官学并强化科举考试。不仅如此，在"世治宜用文"的文教政策的导引下，明朝政府还采取了限制书院发展的政策，如"改天下山长为训导，书院田皆令入官"，这直接限制了书院经济来源，使得书院无法继续创办。宋、元以来的几所较为知名的书院如西湖书院等被改并为官学或社学，因此明初近百年杭州乃至全国书院处于"闲置"状态，发展停滞，古籍、方志中未见有新建或修复书院的记载。

明代中期，朝廷日渐腐败，官学日渐衰弱，科举考试弊端丛生，考试中"贿买钻营，怀挟倩代，割卷传递，顶名冒籍，弊端百出"。如此腐败之风已对官学造成巨大影响，无法满足广大士子的求学需求。因此不少大臣与读书士子积极恢复书院讲学，统治者不得不调整文教政策，通过皇帝赐额、赐匾与下令地方官员修复当地书院等不同方式来支持书院的发展，以此弥补或纠正官学和科举之弊。至此，杭州书院开始复兴。从成化到弘治间的40年中，明初被改为县学的西湖书院得到重建，同时还新创建两所书院，分别为万松书院、浙江提学书院。

正德以后，随着王阳明等一批大教育家倡导书院以聚徒讲学，阳明心学开始兴起，并借助书院来传播，书院教育与学术交流紧密结合，使得杭州书院进入快速发展时期，该时期新创建了多所书院，如吴山书院、紫阳崇文书院等。明代后期，王阳明大力创建与恢复地方书院，更是直接推动了杭州书院教育的繁荣。作为王学在杭城传播的中心，杭州书院是王阳明及浙中王门弟子讲学的主要地点之一，使得杭州书院在学术思想研究及传播方面得到长足的发展并走向繁荣。据统计，正德到崇祯年间，杭州共复建书院11所，其中修复书院1所，新建10所（表7-1），其中影响最大的当数万松书院。王阳明曾为万松书院作《万松书院记》，文中详细记载了万松书院的历史沿革，并提出"明伦之外无学"的教学目标。万松书院受其影响，在教学上要求学子"讲明义理"，倡导学生自学、自修、自研，在选课方面也较为自由，以使学生"养其所长"。

表7-1　明代中后期杭州主要书院简表

序号	书院名称	类　　型	修复或创建时间
1	西湖书院	修复	成化十二年（1476）
2	万松书院	新建	弘治十一年（1498）
3	浙江提学书院	新建	弘治十二年（1499）
4	虎林书院	新建	嘉靖年间（1522—1566）
5	天真书院	新建	嘉靖九年（1530）
6	富阳富春书院	新建	嘉靖十二年（1533）
7	余杭龟山书院	新建	嘉靖年间（1522—1566）
8	紫阳崇文书院	新建	万历二十七年（1599）
9	正学书院	新建	万历年间（1573—1620）
10	于潜天目书院	新建	万历元年（1573）
11	余杭大涤山房	新建	天启年间（1621—1627）

二、清代杭州书院园林发展概况

清初，统治者恐书院成为知识分子聚众成势、宣传反清思想的基地，采取禁抑书院的政策，严禁创设书院。顺治九年，皇帝下令"各提学官督率教官，务令诸生将平日所习经书义理着实讲求，躬行实践，不许别创书院，群聚结党，及号召地方游食之徒，空谈废业"。雍正元年，皇帝又下令各书院"如实系名宦去任之后百姓追思建造者准其存留"，其余书院则改为义学，其目的是不许士子与书院干涉、过问政治，防止书院聚徒结党。因此，杭州书院在清初前80年基本处于停滞发展状态。但由于书院制度已延续百年，在社会上有深远的影响，民间不断提出修复与创设书院的要求。在这样的压力下，清政府修复了一些书院，如万松书院等。

到康熙时期，朝代更替问题基本解决，清政府对于书院的态度已从消极抑制转为有限支持，通过赐匾额、赐书籍的方式，促进各地书院在可控范围内发展。于是，各级地方政府与民众相继修复与创建书院。处于停滞状态的杭州书院开始复苏，共修复前代书院4所，新建书院4所（表7-2）。其中康熙四十四年，康熙皇帝南巡时曾赐杭州紫阳崇文书院匾额"正学阐教"，并题榜"崇文"；康熙五十五年，康熙皇帝为万松书院题匾额"浙江敷文"，遂万松书院改名为敷文书院。

表7-2　清代前期杭州主要书院简表

序号	书院名称	类　　型	修复或创建时间
1	敷文书院	修复	康熙十年（1671）
2	崇文书院	修复	康熙二十二年（1683）
3	西湖书院	修复	康熙二十五年（1686）
4	两浙书院	修复	康熙二十七年（1688）
5	敬一书院	新建	康熙二十四年（1685）
6	紫阳书院	新建	康熙四十二年（1703）
7	南阳书院	新建	康熙年间（1662—1722）
8	朱公书院	新建	康熙末期

自雍正十一年后，政府结束抑制之举，鼓励书院发展，要求各省建立省城书院，并支持地方创办书院。到了乾隆年间，政府在积极支持地方创办书院的同时，要求加强对书院的管理，对于省会书院的地位、教学管理、山长选聘、生徒入学条件、书院学规与课程都有不同的规定。同时，政府通过颁示御书御匾，嘉奖教学成绩卓越的山长，增加书院办学经费，甚至皇上亲自视察等方式积极鼓励书院的发展。乾隆皇帝就曾6次巡临敷文书院，御赐典籍、匾额，使得敷文书院名盛一时。

此外，诂经精舍的创设改变了近600年理学占据书院讲坛的局面，在中国书院史上意义非凡。嘉庆五年，浙江巡抚阮元为"推明古训，实事求是而已"而创设诂经精舍，书院积极探究古学，教学方式与内容都与平常书院大不同，是研究汉学的大本营，也是两浙文学活动的重要场所。诂经精舍得杭州湖山之胜，精舍学徒在西湖的集结，也为杭州景致增添了许多文化内涵，留下不少描述、赞美杭州山水美景与历史人物的作品，为杭州文坛带来了新的活力。

在政府鼓励书院发展的政策引导下，杭州各级官员将建设书院作为发展文教的重要任务，百姓与盐商也积极为书院捐田捐钱，先后创建与修复了书院22所，这些书院遍及杭州地区的各个地方，达到了书院普及的程度（表7-3）。

但是，这一时期杭州书院在普及化的同时，官学化程度也在不断加深。政府对于书院精神方面的控制不断加强，具有一定规模的书院一般受政府的管辖和督查，山长由政府选定，生徒名额与选拔、考课也由政府控制，办学经费也依赖政府的支持，且多数书院与科举制度紧密相连，书院几乎丧失了独立性。

嘉庆时期，面对书院日益腐败的现象，政府期望通过支持宋学或程朱理学来振兴书院；至道光时期，西学东渐与近代新观念形成，杭州书院通过内部学术自我革新以适应中西文化的冲突，但这种做法也逐渐跟不上时代的变迁；到清末新政后，杭州书院出现了重大转折，朝廷下达改制诏令，将书院改为大、中、小三级学堂，至此，杭州书院匆匆走向现代化。

表7-3　清代中后期杭州主要书院简表

序号	书院名称	类　　型	修复或创建时间
1	昌化赤石书院	新建	乾隆三十年（1765）
2	余杭启蒙书院	新建	乾隆五十五年（1790）
3	玉岑书院	新建	乾隆年间（1736—1795）
4	新城鳌峰书院	新建	乾隆年间（1736—1795）
5	昌化隆山书院	新建	乾隆年间（1736—1795）
6	梅青书院	新建	嘉庆五年（1800）
7	诂经精舍	新建	嘉庆五年（1800）
8	于潜桃源书院	新建	嘉庆七年（1802）
9	临安锦城书院	新建	道光五年（1825）
10	富阳春江书院	新建	道光五年（1825）
11	余杭苕南书院	新建	道光七年（1827）
12	新城会文馆	新建	道光年间（1821—1850）
13	新城龙山课院	新建	咸丰年间（1851—1861）

序号	书院名称	类　　型	修复或创建时间
14	新城三学院	新建	咸丰年间（1851—1861）
15	东城讲舍	新建	同治四年（1865）
16	学海棠	新建	同治五年（1866）
17	余杭龟山书院	修复	同治十一年（1872）
18	于潜西山书院	修复	同治十二年（1873）
19	余杭栖溪讲舍	新建	光绪十六年（1890）
20	敷文讲学之庐	新建	光绪十八年（1892）
21	富阳东图书院	新建	光绪年间（1875—1908）
22	求是书院	新建	光绪二十三年（1897）

三、明清杭州书院园林特点

1. 选址环境——注重山水之乐

中国书院在教育上注重学、游两者有益结合，主张张弛有道的教学方式，"借山光以悦人性，假湖水以净心情"，将自然与人文相结合，净化学子的品格德行，达到情景交融的境界，因此自然景观与游憩之所在书院建设中不可或缺。杭城山环水绕，整体呈现为山水相融的格局，明清杭州书院园林在选址时便非常注重书院建筑与自然山水的结合，正所谓"远尘俗之嚣，聆清幽之胜"。书院依托于秀美的山水，因地制宜，既营造出安静的读书氛围，又创设供师生游目骋怀的处所，学子"又以其暇游息湖山，讽咏泉石，深思孔、颜乐处"，研习学问与徜徉山水、陶冶性情互为补足，相得益彰，从而构建起"天人合一"的学习氛围。

如敷文书院选址于"万株松树青山上，十里沙堤明月中"的万松岭，创建者在建设学堂、书斋之外，另依托山势建有水云亭、掬湖台、飞跃轩等观景建筑，可供俯览西湖美景、聆听江涛之声；崇文书院选址于跨虹桥西侧，紧邻西湖，面山构建回廊、游廊。学子们凭湖为场，游湖会文，"临烟波之浩渺，览花柳之绚丽"，伐舟于秀美湖山之中，考校文艺；诂经精舍选址孤山南麓，背山面湖，恰在西湖中央，景色极美，正是读书论道的绝佳场所；紫阳书院地临吴山，在紫阳山左麓，环境清幽，旁多名胜，别具幽趣，清人张拭曾在其《杭都杂咏》中记载紫阳书院："中为乐育堂，奉考试朱子位。后有五云深处、簪花阁、近水楼诸胜处，凡十有二景，皆极岩泉之美。"可见紫阳书院有林泉之胜，而无世喧之声，依山而筑，楼台亭阁皆具有浙派园林的特色。

2. 总体布局——层次分明、因地制宜

杭州地区地形变化较大，以山地、平原、丘陵为主，有"七山一水二分田"之说，

杭州书院在选址山林地建造时，不可避免受到地形的影响，无法整体严格按照轴线对称关系布局。故书院主体建筑一般采用分层筑台的形式，建筑布置于台上，以排列次序，来区分尊卑、主次，以序达敬，使师生置身于儒家伦常的观念和秩序中。讲堂为中心区域，藏书区、祭祀区依次占据主要地位，斋舍、食堂等生活区域则因地制宜，机动安排。这样书院总体布局层次分明、规划有序，各区域连接紧密、使用便利。书院环境的布局则多轻松活泼，园林建筑灵活错落地散置于山林间，再以台阶、蹬道相连，构成完整统一的整体，其中敷文书院、敬一书院、紫阳书院便是采用这种布局形式。另一种情况是书院位于城市之中，由于地块狭小及周围建筑、街道的限制，无法按照传统书院模式进行修建，只能采取类似民居建筑的布局形式，建筑多左右对称，院墙布局相对自由；院落空间、天井中多以花木曲池点缀，美化环境，营造气氛，求是书院便是这种形式。

3. 空间营造——借助园林要素体现意境

杭州书院园林景观的营造注重自然与人文的融合，空间与文化的融合，使用功能和审美追求的统一，营造出文化熏陶、潜移默化影响的氛围环境。书院常建祠立碑纪念学派宗师、办学功臣及地方名人，每座书院都设有壁画、牌匾、石碑、楹联等，以显示其学规箴言、教化内容、修身之道、教学之方。书院力求建筑与自然风景有机结合，以山水显书院静谧清幽，以山水添书院文雅内蕴，如万松书院见湖亭立柱上有两副对联，其一为"水气山风齐送爽，湖光人影两相怜"，另一为"环山皆秀色，临水自清心"，两联均描写出见湖亭地理位置优越，视野极佳，可谓"江湖襟带一亭分"。极目所至，能将风姿绰约的西湖景致尽收眼底，偶有云雾氤氲、山风徐徐，望四周湖光山色，松声竹韵，萧萧入耳，胸中自有天地。两联均围绕"见湖"二字，以所见之景抒发心中之情，为见湖亭增添了深远悠长的意境。另有清同治年间书院院监高鹏年所撰明道堂柱联"草木清华，羡此间天地；湖山明秀，假大块文章"。细细读来，顿觉书院环境天然、雅致，松竹为景，学子更应借自然之势，醉心求学，书写锦绣文章。崇文书院寓斋联"青鞋布袜从此始；湖月林风相与清"，则启示学子应抛却外物，于山明水秀、明月清风中感悟自然之美，在自然中学习修身养性，从而实现身心的自由，不断进行人格的自我完善。又如诂经精舍中"六经皆载道之书，莫骛词章矜博览；两浙为人文所萃，益从根底下功夫"，上联点明了诂经精舍是一所专门博习经史词章的书院，体现崇尚经古、切磋学问的办学宗旨。下联则表明诂经精舍为两浙文学研究的重要基地，为研究汉学的大本营，并时刻警示学子要延续求真求实、经世致用的学风。这些楹联无不表现了文人的审美角度和审美方式，言辞优美，意境深远，与书院环境相辅相成。

"天下郡县书院，堂庑斋舍之外，必有池亭苑囿，以为登眺游息之所。"杭州的书院也不例外，在营建上强调庭院的穿插，树木花草的衬托，素雅朴实的人文景观结合周边的自然环境，以求展现出骨色相和、神采互发的效果。书院重视植物景观的建设，植物造景大多以自然植被为基底，利用松科、柏科、壳斗科、冬青科等常绿树木作为骨干树种，辅以有深厚文化底蕴的传统园林植物，将花木"比德"于人，强化植物的象征意义，如被称为"岁寒三友"的松、竹、梅，"四君子"的竹、梅、菊、兰等。又因杭州四季分明，雨水丰沛，花草果木众多，书院常配置四季赏花植物，春有桃花、杏花，夏有荷花、睡莲、紫薇，秋有木芙蓉、桂花、银杏，冬有蜡梅、山茶、梅花等，使得杭州书院充满着生机与变化，营造出具有地域特色的植物景观。如万松岭自宋以来便是杭人观赏蜡梅和梅花的胜地，有"绿发寻春湖畔回，万松岭上一枝开"和"万松岭上黄千叶，玉蕊檀心两奇绝"等诗句传诵于世。万松书院选址于万松岭上，自然得其天然优势，每到春冬之际，书院中便暗香浮动，梅花又给人坚韧不拔、不屈不挠的象征意义，恰符合书院对莘莘学子为人做事如梅花般坚韧不屈、正直高洁的期望。万松书院内有许多楹联匾额，其中不少为因景而成，直抒胸臆，如正谊堂楹联"山川佳色澄悬镜；松桂清阴静读书"，由义斋楹联"竹里书声来隔院；松间棋韵静虚窗"，皆描写书院有松有桂有竹的环境，松树四季常青，终年不凋，体现人格志气；竹有节、坚韧、挺拔，以其虚而有节、不媚不谄的品格而备受文人推崇；桂花枝叶繁茂，花有清香而不艳，桂花又有折桂之意，不与众花争春的品质，这些植物相互搭配，形成了极为幽雅、宁静的书院环境。

第二节　名园分析

一、万松书院

"东南形胜，钱塘自古繁华。"杭州作为东南名郡，自古以来就多书院、多书市、多书生。自唐朝以来，万松书院、崇文书院、紫阳书院等古制书院一直在杭州兴盛与延续，继南宋后到了明清再次达到鼎盛，这其中，最具盛名的当数万松书院。万松书院是明清时期杭州规模最大、历时最久、影响最广的书院，曾是浙省文人会集之所。如今的万松书院占地面积 6.5 万平方米，是西湖风景名胜区里唯一以书院文化为主题的公园，并于 2007 年被评为"三评西湖十景"之六，名"万松书缘"。

1. 历史沿革

万松书院始建于唐贞元年间，原为报恩寺。明弘治十一年，浙江右参政周木在报恩寺旧址上改建书院，并取白居易诗"万株松树青山上，十里沙堤明月中"句意，命名为"万松书院"。而后万松书院在不断扩建、重修中，逐渐成为江浙一带颇具影响力的知名书院，但明代时，由于统治者对于书院教育的政策时常变化，致使万松书院时兴时废，自正德十六年至崇祯六年的百余年中，万松书院随着变幻莫测的政治风云，跌宕起伏，历经了荣辱盛衰的变迁。

清初，政府为稳定时局，抑制书院教育的发展，万松书院曾一度沉寂。清康熙十年，浙江巡抚范承谟重建万松书院，并改名为"太和书院"。康熙、雍正、乾隆时期，得益于书院发展迅速，万松书院逐渐进入昌盛时期。清康熙五十五年，圣祖玄烨御题"浙水敷文"匾额，遂改名"敷文书院"，并增构存诚阁，藏颁《故渊鉴》《渊鉴类函》《周易析中》《朱子全书》等书。雍正十一年敕为省城书院。乾隆十六年高宗弘历巡临，时值嘉善人蔡以封为敷文书院院监，率诸生迎驾。高宗赐书题诗，名盛一时。道光时，书院内部构架更趋完善，山长一般由官府委派或士绅公推德高望重的著名学者担任，如齐召南、金性、潘德园等。直至清末，万松书院逐渐由盛转衰直至荒废。咸丰十一年，万松书院毁于兵火。其后虽也有几次大规模修建，如同治五年重建、光绪年间的两次修建等，但终因清政府的日益衰落和杭州城市中心的不断北移而日渐衰败。

1999 年，杭州市园文局启动万松书院复建工程，以清乾隆《南巡胜迹图》中敷文书院为蓝本，按明代建筑风格样式修复，并于 2002 年 10 月开放游览。

2. 梁祝传说

《梁山伯与祝英台》为中国四大民间爱情神话传说之一，说的是浙江上虞祝员外之女祝英台，女扮男装到杭州读书。途中偶遇会稽书生梁山伯，两人一见如故，于是就在柳荫下义结金兰，而后又同在杭州万松书院同窗共读三年有余。求学期间，两人在学业上互相帮助，在生活上相互照应，结下了很深的情谊。山伯生性憨直，始终未察觉英台为女儿身；英台却早已芳心暗许。三年的同窗，一同切磋学问，相互照顾扶持；风檐展书读，挑灯写文章；春来花丛漫步，秋夜畅谈理想；关怀疾病，分享欢乐。点点滴滴都化作刻骨的相思，一点相思，万种柔情，从记忆的深处如春蚕吐丝，绵绵不绝。三年后，祝父催英台回家。英台以随身佩带的玉蝴蝶扇坠作为信物暗托师母做媒。在离别的"十八相送"途中，英台一次次借景寓情，向山伯暗示自己为女子，但山伯依然懵然不解，后经师母点破才恍然大悟。山伯兴冲冲赶往祝家求婚。但祝父已将英台许配给上虞太守之子马文才了。山伯在凄楚悲愤中与英台"楼台相会"，满腔热情化作乌有，回家不久即郁闷而逝了。英台闻之，悲愤不已。结婚当日，向父亲提出要先到山伯墓前拜祭，否则宁死不上花轿。祝父无奈，只得应允。英台在墓前哭祭时，突然天昏地暗、电闪雷鸣。在狂风暴雨中，坟墓豁裂。英台纵身跃入，墓包徐徐合拢。过后，风雨顿息，阳光灿烂，山伯英台化作一对彩蝶飞舞而出，他们的爱情在历经风雨过后获得了自由和再生。

"梁祝"故事最早见于 1400 多年前南朝的《金镂子》，以后初唐梁载言《十道四蕃志》、晚唐张读《宣室志》、宋代李茂诚《义忠王庙记》、明代冯梦龙《古今小说·李秀卿义结黄贞女》"入话"、清代邵金彪《祝英台小传》等都有较详记述。元代白仁甫以此为题材创作了杂剧，后来我国绝大多数剧种均移植上演，是传统戏剧的保留节目。20 世纪 50 年代，著名作曲家陈钢将《梁祝》谱写成小提琴协奏曲，使《梁祝》走上了国际舞台。1954 年，周恩来总理参加日内瓦会议时，将我国第一部大型彩色戏曲艺术片《梁山伯与祝英台》介绍给各国记者，称之为"中国的罗密欧与朱丽叶"，从此，《梁祝》故事在世界范围内广为传播，其影响之大堪称中国民间故事之最。

千百年来，《梁祝》故事经过了历代作家和民众的不断修改和再创造，虽然"异文"很多，但其母本早已定型："乔装求学""草桥结拜""同窗共读""十八相送"

"楼台相会""哭坟化蝶"等主要的情节始终未变。不同版本的故事只在首尾情节、发生地点及时代背景上有些变化，其歌颂自由爱情的主题亘古未变。据不完全统计，梁祝读书处在全国有 5 处、梁祝墓有 9 处，在宁波鄞县还有 1 处梁祝庙。人们都愿意相信美好的传说曾经发生在自己的家乡。

最早将"梁祝"故事与万松书院结上关系的是创作于明末清初的《同窗记》，是寓居杭州的著名剧作家李渔所创作的。李渔在他的作品中处处突现出鲜明的杭州地域特色，如梁祝分别从家乡（会稽、上虞）渡钱江在草桥门偶遇而义结金兰；在当时杭州最著名的书院——万松书院同窗共读。三年后，分别时，沿着长长的凤凰山古道送别。作者把固有的书院、山川、草桥、长亭等都编织在故事当中，增添了故事的说服力和渲染力。所以，近代的许多电影、电视剧都是根据这个版本进行改编的。

美丽的传说使肃穆的书院有了人情的温馨，书院使虚无的故事有了真实的背景。2002 年重建万松书院时，策划者意识到梁祝传说与书院文化的结合有着不可估量的价值，但若把握不好又会使两者相互侵扰，造成景区建设的定位失误。因此初期的规划中，"如何使梁祝故事不着痕迹地融入到景区建设中去"被列为建设的首要课题。在多次召集有关方面专家座谈论证后，决策者认为要做好这篇文章首先要掌握"度"，即：万松书院即要体现古代书院教育的历史及其文化内涵，又要充分利用梁祝故事这一不可多得的民间文化遗产。但两者有主次、虚实之分。书院的文章要做实做足，"梁祝"传说则尽量虚化淡化，从而使两者相互映衬、相得益彰（图 7-1）。

图 7-1　万松书院入口的梁祝主题浮雕

3. 园林分析

（1）选址

自古以来，山林环境空气清新、远离尘嚣，极少世俗干扰，为儒家士人提供了形胜之区、幽静之所。浙江地区早期出现的书院基本上都是山林书院，或隐山坳，或傍清流。书院之所以多建于山林僻静之处，与浙江的自然地理环境也不无关系。浙江地区地形地貌丰富，山奇水秀，景色瑰丽，能够为书院提供良好的生态环境，营造静谧的学术氛围。同时，书院的建造也深受儒家思想的影响，在书院选址上就体现了孔子"知者乐水，仁者乐山"的儒家思想，因此，浙江传统书院自建造起便选择远离城市而幽静的地点，将山水胜地作为院址的首选。

万松书院坐落于万松岭北坡，依山就势，高低错落，建筑掩映于群山翠绿之间，园林环境清新自然，是山林书院的典型代表。书院前傍蜿蜒起伏的吴山，后靠昔日的南宋皇宫，东临奔腾不息的钱塘江，北瞰风情万种的西子湖，左江右湖，视野开阔。立于山顶，遥可望雷峰夕照、宝石流霞，近可听松涛泉流、虫鸟和韵。其西面又有留月崖、芙蓉岩、圭峰、石匣泉等自然景观，奇石嶙峋，古藤虬结，泉水清冽，形成一幅清趣盎然的山水巨画，令人流连忘返。书院周围环境静谧宜人，与城市又离又合，闹中取静，乃是传道授业解惑的佳地。

（2）布局

1）总体布局

中国古代书院作为传播儒家学说的场所，被"礼""乐"等儒家思想文化深刻影响，这一影响也体现在书院建筑的空间布局上。书院的空间布局以中轴线为统领，将主体建筑如讲堂、祭祠等建筑由前往后依次布置，体现了礼制思想中的主次分明、尊卑有别（图7-2、图7-3）。"乐"文化作为辅助，影响书院其他建筑的布局，一般布置在中轴线两侧，形式较为自由。布局严整的主体建筑与灵活多变的院落空间相互穿插，完美融合，完整地展现了"和中有序，序中有和"的空间关系，体现了礼乐合一、以乐承礼的儒家思想。

图7-2　《南巡盛典名胜图录》中万松书院（敷文书院）界画

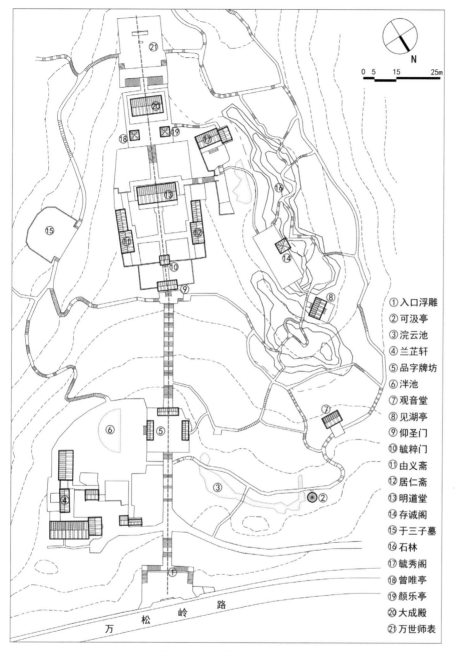

① 入口浮雕
② 可汲亭
③ 浣云池
④ 兰芷轩
⑤ 品字牌坊
⑥ 泮池
⑦ 观音堂
⑧ 见湖亭
⑨ 仰圣门
⑩ 毓粹门
⑪ 由义斋
⑫ 居仁斋
⑬ 明道堂
⑭ 存诚阁
⑮ 于三子墓
⑯ 石林
⑰ 毓秀阁
⑱ 曾唯亭
⑲ 颜乐亭
⑳ 大成殿
㉑ 万世师表

图7-3　万松书院现状平面图

　　万松书院总体布局由规则台地式和自由散点式两部分组成，分别体现"礼""乐"精神。书院轴线上采用中轴对称的台地式空间院落格局，串联主要建筑如明道堂、大成殿等，而次要建筑如斋舍分立左右，布局严谨、分区明确，书院空间看似简单朴实，实则秩序井然，层层递进，依托山势，建筑高低错落，如同一篇行云流水的文章，起承转合，一气呵成，体现"礼"之精神；轴线两侧自由散点式布局的建筑如毓秀阁、存诚阁等依山就势，在严谨庄重中寻求轻松活泼，以平衡主体建筑的规整严谨，体现"乐"之精神。建筑之间以各个院落作为过渡空间，塑造不同功能与特点的环境，以适应不同使用功能的需要，同时形成一定的空间层次，展现了万松书院布局规整、自由、灵活的特点。

②空间序列

万松书院的空间序列可分为起始空间、引导空间、书院门区过渡空间、讲堂空间、室内祭祀空间、露天祭祀空间与山地园林空间这七个部分（图7-4）。起始空间位于山门处，山门阻隔了外部的喧扰，人们由此进入书院内部宁静、幽雅的环境中，中轴线上的甬道从万松门直贯仰圣门，沿着石板铺成的山道而上，两侧片植马尾松，构成了半围合的空间，将人的视线引向前上方的仰圣门，具有极强的透视感，营造出庄重、严肃的氛围。三座"品"字形牌坊分列桃李坪的南、西、东三面，虚隔空间，四周向自然山林开敞，中部虚空而待。三座石坊雄伟庄重，气势磅礴，是万松书院的标志性建筑（图7-5~图7-8）。"品"字形牌坊所处的桃李坪分割了甬道，使得其不至于过长，显得单调无趣，又作为整个引导段的核心空间，强化书院的仪式感，以此烘托庄重严肃的书院文化氛围。

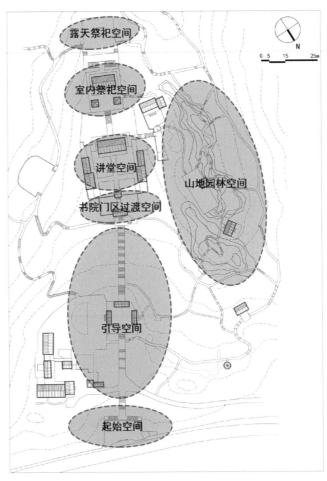

图7-4　万松书院空间序列图

图 7-5 三座"品"字形牌坊

图 7-6 万松书院牌坊

图 7-7 敷文书院牌坊

图 7-8 太和书院牌坊

经过引导段，进入到仰圣门与毓粹门构成的过渡空间，以及明道堂及两侧斋房构成的讲堂空间（图7-9）。整个空间由两层递进式的院落构成，围合度高、内向性强，有利于形成浓郁的讲学气氛（图7-10、图7-11）。并通过近距离"门套门"的形式，形成强烈的内外空间感受，给人强烈的心理暗示，表示跨入此门便正式进入万松书院的主体，从此"人只此人，不入圣便作狂，中间难站脚"，应醉心学术，使之成为空间序列上的高潮。与讲学空间相连的是室内祭祀空间，它建于高台之上，突出了先师先圣尊贵的地位（图7-12）。与室内祭祀空间相接的是露天祭祀平台，为中轴线上的最后一进空间，它直接面对四周山林，与自然环境融为一体，整个书院的空间在此实现最后的凝聚（图7-13）。整体的祭祀空间通过大幅度抬高地势来进行空间转换，营造与讲学空间截然不同的祭祀氛围。这一沿着中轴线的书院布局形式秩序井然，在序列组织和空间营造上独具匠心，展示出书院完整的功能格局，使得整个书院空间收放得体、开合有致。

图7-9 台阶尽头的仰圣门

图 7-10　仰圣门、毓粹门、明道堂层层递进

图 7-11　明道堂

图 7-12　室内祭祀空间——大成殿

图 7-13　室外祭祀空间——万世师表

位于中轴线西北侧的山地园林空间，为万松书院的精华所在，讲究"情景交融"，追求"天人合一"的意境。书院周边不设墙垣，体现融于自然，大气、开放的特点，这里的山脊为岩溶地貌，石峰林立，峭拔奇秀，奇形异态，岩石上还存有摩岩石刻，诸如"开襟""有美""日光玉洁"（图7-14）等，俱为赞美此处俏丽风光的。由山道或古道作为引导，因山就势于景佳处建亭台楼阁，如魁星阁、御书亭等，于此驻足远眺，借景自然风光，视线开阔通透，远处隐现于烟云树海的湖光秀色映入眼帘，使人心胸顿开，杂念俱消。漫步山林中，静听鸟语水声，近可欣赏四周的摩崖石刻、奇石怪藤，远可眺望左江右湖，两堤三岛。人们沿着山路，依靠视觉、听觉、嗅觉等方式增强了对于空间意境的联想，使人置身景中，情由心生。建筑与自然山林完美融合，两者相得益彰，形成了层次丰富、灵活多变的空间序列。这一古朴清幽的环境给学子以山水人文情怀，有利于他们潜心读书，同时也给师者施展寄情山水间的教学方式，于泉石山林之间授业解惑。师徒一同悠游于风光秀丽的山道、溪旁、竹林等幽邃佳境，寓启迪、点化于休憩娱乐之中，受此潜移默化的感染和熏陶，从而修身养性，追求真理，实现人格的自我完善。

图7-14　石林

（3）园林要素

1）山石

自然山石是万松书院中重要的景观构成要素。位于书院西侧的九华山石林，山石千奇百态，为天工之造化，是大自然的杰出产物。书院曾经的山长次风先生钟爱这片石林，称赞它为"天然大假山也"，并写诗描述道："四时总夏云，奇峰峨嵲嵲。书屋居卷阿，飞阁俯胜概。自南势可测，拱北理不昧。"沿山径迤逦而上，松林中掩映形态各异的山石，青苍玉削，伏如龙盘，昂如鸟鸣，雄踞如蹲狮，斜趋如走兔，间有古藤盘绕，令人心动神驰，赞叹不已。峭拔奇秀的石林景观也使得万松书院不同于其他书院，是独一无二的自然、文化精粹。

2）建筑

书院谈"礼"问"道"，求"色"行"义"，强调"求之于心而无假以雕饰"，体现"典雅中见富丽，平易处而近人"的真性情，万松书院的建筑不仅是材料与结构形式的呈现，同时也是儒学文化观念熏陶的结果。建筑形制素朴，形式端庄，色彩淡雅，书卷气浓郁。建筑形式以单檐硬山为主，大成殿取歇山样式，以示尊贵。建筑主色调选用黑、白、灰和酱红等沉着稳重的中性色，轮廓描边多为灰白相间，表现出自然朴素的文化韵味。主轴线上的建筑按明式建筑的风格，工整柔和，简洁利落，摒弃繁华琐丽的装饰，以求契合文人追求庄重质朴的文雅格调与潜心求学的书香情怀。园林中的建筑依山势分布，点缀于山林之中，真正做到了"巧于因借，精在体宜"，与山林之美是为锦上添花。

3）植物

万松书院坐落于"万株松树青山上"的万松岭上，每当山风吹过，涛声一片。书院利用松树四季常青这一特征，藏书院于满山松林之中，声声松涛衬托出书院环境的幽静。万松书院西部的山地园林部分以自然植被为基底，树木繁茂，树种众多，有松科、柏科、樟科、壳斗科、冬青科等常绿树木藏匿于林中，营造出幽深静谧的氛围，有利于学子静心学习、提升自我。另外，万松书院在选择栽植植物时，多选用"比德"类植物，如"岁寒三友"松、竹、梅，"四君子"梅、兰、竹、菊，"花中君子"莲花等。将植物之"美"和人格之"善"完美地结合在一起，使植物人格化。同时学子在欣赏自然草木时，将植物与自身的品行进行对比、自省，在这个过程中实现人格升华。

此外，万松书院也多栽植蕴含吉祥寓意的植物，如桂花、梅花、桃、杏等，桂花的"桂"与"贵"谐音，古代习俗有"蟾宫折桂"之说，所以植桂寓意魁星高照、文运亨通的殊荣。梅花的"梅"和"眉"谐音，与喜鹊组合为"喜鹊登梅"的图案，寓意"喜上眉梢"，体现书院对学子成才的寄望与祝愿及桃李满天下的寄托。万松书院的植物配植同样注重植物的色、香、韵等特征，讲究园林意境，如讲堂庭院中栽植枫树、海棠、蜡梅等四季特征明显的植物，使原本单调的书院景观呈现出四季之美。

4）楹联

进入万松书院，几乎每座建筑都题有匾额、楹联，或歌颂书院育人的伟绩，或咏颂左江右湖的秀丽风光，或赞美书院幽雅环境。这些楹联画龙点睛，点出空间的神韵，将空间内涵传达给观赏者，引导观赏者进入一个诗情的世界，配合清雅的书院景观，营造出深远的意境，使得整个书院"景借文传"。如清代著名学者俞樾所撰明道堂堂前柱联："倚槛俯江流，一线涛来文境妙；迎门饮湖渌，万松深处讲堂开。"不仅点出万松书院左江右湖的优越区位，又描写出书院郁郁苍苍的清雅环境，行于此，仿佛就已望见西湖、钱塘江，又能耳闻松涛阵阵，使人心旷神怡，情趣盎然。又如清同治年间书院院监高鹏年所撰明道堂柱联"草木清华，羡此间天地；湖山明秀，假大块文章"。细细读来，顿觉书院环境天然、雅致、松竹皆佳。这些楹联言辞优美、意境深远，与环境相辅相成，是书院园林中"情景交融"的体现。

二、文澜阁

文澜阁是清乾隆年间为贮藏《四库全书》而修建的，迄今已有两百多年历史，是现今中国唯一保持着书、阁共存的清代藏书楼，并存有中国古代最大的一部官修丛书。文澜阁融合了北方皇家园林和江南私家园林的营造手法，集藏书楼与园林于一身，特色鲜明，风貌独具，历史积淀深厚，在传承中国文化的过程中起到不可取代的作用。最初的书院就是一种藏书楼或者学者们聚集一起讨论学术问题的场所，后来才逐渐发展成为一种专门的教学机构，故而将文澜阁归入书院园林范畴进行分析。

1. 文澜阁与《四库全书》

文澜阁现位于浙江博物馆内，于清乾隆四十七年由清圣祖康熙皇帝行宫圣因寺后面的玉兰馆改建而成（图7-15）。它同当时北京故宫的文渊阁、北京圆明园的文源阁、沈阳奉天行宫的文溯阁、河北承德避暑山庄的文津阁以及扬州大观堂的文汇阁、镇江金山寺的文宗阁，合称为我国七大书阁。这七大书阁都以收藏《四库全书》而出名。《四库全书》是我国历史上最大最完备的一部综合性丛书，乾隆皇帝选派了以纪晓岚为首的三百六十余名著名学者，自乾隆三十八年开始编纂，前后共花费十年时间，直至乾隆四十七年才完成。全书共有七万九千三百三十七卷，装订成三万七千册，其内容广泛，是包括政治、经济、哲学、文学、天算、舆地、科技、医学等涵盖各方面知识的著作，并全用楷书手抄而成。最初《四库全书》只分抄四份藏于北方四阁，后因江浙一带为文人集聚地，又续缮三份，分藏于江、浙三阁。

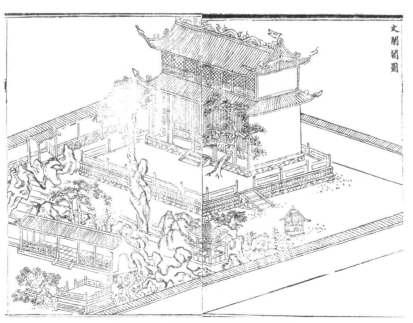

图7-15 《文澜阁志》中文澜阁界画

文澜阁所藏的《四库全书》，于清咸丰十一年因兵火失散，在多次浩劫中几陷于毁灭的境地，幸后得江南著名藏书楼八千卷楼的丁申、丁丙兄弟等多人不断搜求补抄，才大致恢复旧观。现今，江南三阁唯有文澜阁及所藏《四库全书》存世，成为"东南瑰宝"，这部珍贵的文化遗产现收藏于浙江图书馆内。

文澜阁的建筑在经过清咸丰十一年的兵火后便已损毁，只留下遗址，至清光绪六年，才由浙江巡抚谭钟麟在旧址上重建，但其规模远不如从前。此后，又由于公众对于文化遗产缺乏保护意识，致使文澜阁几乎倒塌。解放后，才由政府组织修缮、恢复，以文物保护为重点，遵循"不改变文物原样，保持原有文物的历史信息"的原则，尽量恢复文澜阁的原貌，现已焕然一新，成为一处优美的园林景致（图 7-16）。

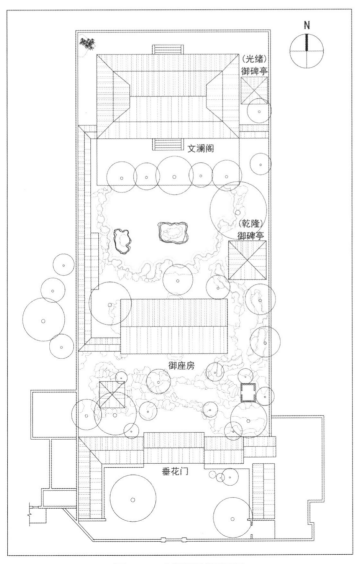

图 7-16　文澜阁现状平面图

2. 园林分析

（1）选址

清康熙皇帝因南巡而"辟孤山，以建行宫"，行宫初建时，规模宏大，等级颇高，在遵循皇家建造规格的同时，也融合了江南的造园手法。到雍正五年，抚臣李衡奏请改为圣因寺。至乾隆四十七年，为收藏《四库全书》，乾隆皇帝颁诏："杭州圣因寺后之玉兰堂，著交陈辉祖、盛住改建文澜阁。"但因位于御花园内的玉兰堂逼近山根，地势潮湿，难以藏书，因此文澜阁改在玉兰堂之东、藏经阁之后建造。据《嘉业堂藏书楼记》记载："阁在孤山之阳（南麓），左为白堤，右为西泠桥，地势高敞，揽西湖全胜。"可见文澜阁的选址坐北朝南，既利于采光，地势也相对较高，利于藏书。

（2）布局

文澜阁既有皇家建筑均衡对称、庄重严谨的特点，又有浙派园林清幽雅致的意境。文澜阁核心建筑为传统的三进式院落，建筑群通过中轴线对称排列，自南向北，分别为垂花门、御座房、主阁，其东西两面又对称布置御碑亭、游廊、月台、趣亭等园林建筑，庭院内又通过假山、水池的园林造景，辅以四季花卉和树木（图7-17）。亭廊、池桥与假山叠石互为凭借，相互贯穿，营造出自然清新、气象万千的庭院空间，使其成为一处结合浙江地域特色的皇家藏书楼，加之其身处西湖孤山这一风景秀丽、清幽恬静的自然山水之中，园林空间相互渗透、映衬，与周围环境完美融合。

图7-17 文澜阁老照片中的水池和假山（1911）

文澜阁第一进建筑为垂花门，两侧分设厢房，为整组建筑的主入口，隔绝了外界喧嚣。经过垂花门后，便可见庭院中由太湖石叠砌而成的形似狮象群的大假山，连嶂起伏，中有洞壑，宛若将西湖周边群山之精华皆浓缩于此，被誉为杭州最美的假山之一，如此大规模的假山也与文澜阁"皇家藏书楼"的特殊身份不无关系。假山起到了隔景的作用，在遮挡游人视线的同时，也划分出了大小不一的空间，其间小径迂回婉转，曲折往复，以形成移步异景的效果。

第二进为御座房，御座房作为皇上休息、品茗之所，采用了比较典型的北方官式建筑手法，前后檐有别于一般建筑，明间开门六扇，次间采用大玻璃支摘窗，为了便于观赏庭院内的水池、叠石、洞壑等园林景观。过御座房可见水池，池后为文澜阁主楼。依据游线仿佛穿越了山林进入了滨水区域，有豁然开朗之感，四周建筑均围绕水池而建，池水与西湖水潜通，在一定程度上也起到了防火之用。池中有太湖石一峰独耸，名"仙人峰"，婀娜多姿，倒映于水中，极具情趣。水池北面设有平台，所以驳岸三面为自然湖石，一面为规则式，形成对比。湖石驳岸转折自然，石块的大小和形状搭配巧妙，大小相间，疏密有致，具有均衡感与节奏感。驳岸立面上大小不等的"山岫"使得其虚实相间，曲线流畅自然，整体高低错落、纹理一致、层次分明。水池的西边建有与御座房和文澜阁主楼相连的长廊，以方便雨天行走，整体布局合理而富有特色。池东建有一座重檐歇山顶的大御碑亭，亭内御碑的正面刻有清乾隆皇帝所题的"文澜阁碑亭"与诗赋一首，碑的阴面刻有颁发《四库全书》时的上谕。这两处院落空间分别以山、水为主题，旷奥分明，假山营造一为叠山一为置石，体现了园林的空间变换和多样美感。

池后的第三进建筑，即主体建筑文澜阁（图7-18）。文澜阁仿照宁波天一阁的建筑规制，沿袭天一阁"天一生水，地六成之"理念，在规划布局和建筑形式等方面都与天一阁一脉相承，即阁前设一方水池用于防火，建筑本身面宽六间，进深五间，楼梯设在主楼的西侧开间之内。但文澜阁也结合其作为"对外开放的皇家藏书楼"的特点对平面布局等进行了调整，虽然外观上仍是二层建筑的形式，但在其内部却被设计成了三层，这种做法即节约了建材又扩大了储藏空间。同时，文澜阁将屋面筒瓦、吻兽及门窗的式样都统一为官式做法，且在运用官式做法的同时，又结合了江南建筑灵巧多变的特点，进行了适当的调整，如门厅并未完全采用分心槽的建筑手法，而是在使用了卷棚顶的梁架结构后，将门扇安装在了靠近后檐的檩条之下。文澜阁屋顶上也未像"北三阁"一样采用黄琉璃瓦，而是采用覆黑琉璃瓦，檐口镶以绿琉璃瓦边的做法，即所谓的"绿剪边"，文澜阁虽未使用规格较高的歇山顶形式屋面，但却在硬山顶的屋面上加了威武的四大天王垂脊和与皇家建筑相匹配的脊兽及规格极高的汉白玉材料的台基、栏杆等。文澜阁的兴建使得宫廷建筑与江南民间建筑的结合达到了相当的高度。

图 7-18　主体建筑文澜阁

明清杭州园林造园意匠

明清时期的杭州在城市文化、城市景观方面都深受南宋时期的影响，其园林也不例外，它延续了南宋遗风，以滨水、山地园林的营造见长，善于因地制宜地利用自然山水，不同于苏、扬园林人工之中见自然的特点，更注重自然之中缀人工的手法，力求园林本身与外部环境相契合，结构精巧，富有层次感，植物种类丰富，造景手法突出，风格古朴自然，体现出"幽、雅、闲"的意境，彰显出浙派园林"包容大气、生态自然、雅致清丽、意境深邃"的造园特色。

第一节　自然之中缀人工

"艺术贵真，真即自然"，西湖作为明清杭州园林最为核心的部分，犹如一件巨大的艺术品，千百年来虽经人类加工，但仍不失自然真趣。人们对西湖的加工，不显雕凿，不露斧痕，点缀构筑之物，与环境协调，融于自然，故人们赞美西湖是"天然画图"，苏东坡把西湖比诸"西子"，"淡妆浓抹总相宜"，相宜者，自然而不造作（图8-1）。

日本建筑理论家冈大路曾称"西湖风光明媚实居天下之冠"。西湖及其周围重叠起伏的山峦，构成了一幅天然画卷，形成了一个无须雕琢的大园林。在这个园林中，园林建筑处于从属地位，很好地装点西湖这个大园林，使粉墙黛瓦隐现于山迹水边、绿树浓荫之中，使杭州园林建筑与周围环境取得最大限度的协调、渗透和融合。如果说明清苏州园林的精华在于"人工之中见自然"，那么明清杭州园林则是"自然之中缀人工"做得更为精妙。

园林贵在相地，明清杭州园林景在园外，相地是特别重要的一环。众多园林置于湖畔、山间等视野开阔之处，如小有天园、漪园、西泠印社、吟香别业、小万柳堂、刘庄、郭庄等，这些园林既注重与水景相结合，多面水而建，或引水入园，或因水之曲折而曲折，因水之高低而高低，又注重与山林相结合，充分尊重自然地势的起伏陡缓，因地制宜，或在峭壁之侧做半亭之景，或在悬崖之畔做吊脚之楼。布局灵活、自由，不强调中轴对称，甚至不拘泥朝向、高低和体量之大小，一切依地形而宜。

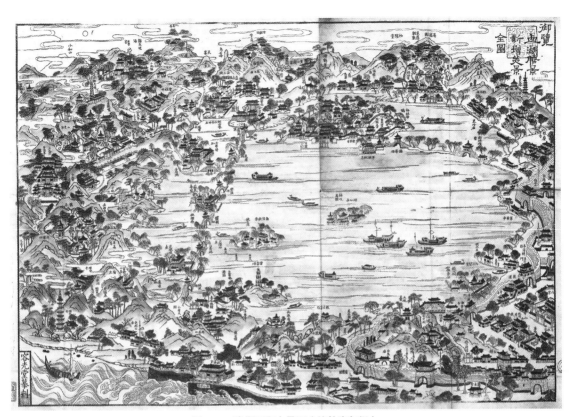

图 8-1　清代西湖全景图（约乾隆年间）

　　如山地名胜园林"述古堂"，在孤山六一泉左，整体坐北朝南，南面临水设置码头，虽仅前后两进院落，但建筑间距较大，一方面有利于扩大庭院面积，将建筑融于山林之中，另一方面易于形成层次感，从而获得不同高度的视野体验。第一进院落地形较为平坦，形式较为规整，第二进院落地形复杂，为将原有六一泉及周边岩壁、怪石纳入其中，故形式自由，不拘一格。主体建筑间以蜿蜒曲折的爬山廊相连接，爬山廊的布置也是因山就势，逢高则高，逢低则低，整体富有变化。两相对比，形成不同的空间体验。

　　滨水私家园林"吟香别业"，位于孤山东部，园林东面临水，又挖方池引西湖水入园内，通透的水榭长廊贴水筑于方池与西湖水之间，既沟通了园林内外空间，更将园景由园内引向园外，园林范围被无限扩大了。园内建筑布置较为自由，散置于平坦地形处，隐约形成南北两个院落空间，南院落接方池，点缀有几株古树，疏朗开阔，北院落以竹林为背景，安静舒适，这种建筑布局形式有别于一般的江南传统私家园林，空间之间没有明显的界线，既形成了对比，更注重相互渗透，再加上临水区域建筑的布置，隐约可见现代"流动空间"营造之手法。除了平地造园外，吟香别业又有小路通往后山，山腰平坦处筑有观景亭，既可纵览全园，又可赏西湖东侧美景，形成了不同的观景视角。

　　滨水名胜园林"梅林归鹤"，北宋大诗人林和靖故居，位于孤山北麓，面向葛岭，仅有码头以水路与外界相通，园林同样将西湖之水引入园内，但做法与吟香别业又有不同。池畔筑台置放鹤亭，亭的体量较大，为三开间重檐歇山顶形式，与周边山石古木相搭配自成一景，远远望去，游览者的目光被它吸引，这一营造手法与"梅妻鹤子"林逋的隐居生活内涵不符，可以推测为后人重修的园林，以此种方式来彰显林逋高洁出尘的品行、清和淡雅的风骨。放鹤亭内可赏湖光山色，保俶塔景、宝石流霞尽收眼底。巢居阁位于与放鹤亭同一地势高度的院落中，需由湖边小径拾级而上入园门而至，院内建筑因地形限制分散布局，但巢居阁的位置恰与放鹤亭、御碑亭错开，既隐于山林之中，又对着园中水体，更面向西湖，视野较为通透（图 8-2、图 8-3）。

图 8-2　《南巡盛典名胜图录》中的梅林归鹤界画

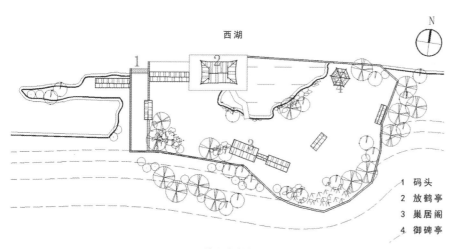

1　码头
2　放鹤亭
3　巢居阁
4　御碑亭

图 8-3　梅林归鹤复原平面图

这些案例都充分体现了明清杭州园林布局的高度灵活性和技巧性。我国著名建筑学家刘敦桢说："余惟我国园林，大都出乎文人、画家与匠工之合作，其布局以不对称为根本原则，故厅堂亭榭能与山池树石融为一体，成为世界上自然风景式园林之巨擘。"这一特点在明清杭州园林中尤其突出。

第二节　巧于因借，空间无限

园林的营造讲求"巧于'因''借'"，明清杭州园林的借景可分多种，有利用地形借周边之景色，通过在自然山体的不同位置设园林建筑，形成不同方位、不同视角欣赏外部景观的方式。如清初孤山园林"四照亭"，遗址位于孤山最高处，与北面葛岭遥相呼应，迎四面之风，看山光塔影，长堤卧波，倒漾明湖，领略"面面有情，环水抱山山抱水"的情趣；又如"瞰碧楼"，位于孤山南麓山腰，以竹林为背景营建小楼，近可看绿树繁花，远可眺湖光山色，雨天晴天皆可在此赏景，仰视俯视俱有不同景致；再如"海霞西爽"，遗址位于孤山西麓山腰之上，取自古人所云"西山朝来致有爽气"，此处曾有望海阁，可赏海上霞光，后在此建西爽亭，这里清风拂面，凉爽宜人，既可远眺西湖西山，又宜观赏晚霞满天。

植物方面的借景也是如此，由于面积的局限性，片植的植物不一定位于园林内部，多是在园林周边，且不多加修饰，追求的是整体效果。成片植物景观被借入园林内，使得园外与园内景色浑然一体，园中景致被无限放大，营造出宁静深邃的意境。如西湖湖畔的园林，常借景西湖内的大片荷花，无形之中增加了园内景观的丰富性，而山林中的园林常常直接利用周围成片的山林景观，在林中筑亭、廊等游憩建筑，似乎整片山林都被纳入到园中，园林的范围被极大拓展开去。所以说如果明清苏州园林大多是内向的，那么明清杭州园林则是局部外向的，外向的部分即是接纳湖山的部分。

另有借大自然的光、影、天象之景，将这些外在自然要素与园林山水要素一起欣赏，从而提升园林内涵，深化园林意境，如"平湖秋月"，此处高阁凌波，绮窗俯水，平台宽广，视野开阔，但见皓月当空，湖天一碧，金风送爽，月光、月影、四季之秋景与媒介物西湖水相结合，形成月印水中，水月相溶，"一色湖光万顷秋"之景（图8-4）。又如清圣因行宫八景之一"贮月泉"，遗址位于山崖凹地中，三面为崖壁石景，一面为宫苑围墙，整体环境较为幽闭，有泉自崖间出，汇为曲池，池面不大，水清且浅，旁植松树、梅花，月光、树影倒映于水中，更显静谧氛围。同是借景月光、月影，此处所营造的景观与平湖秋月截然不同，一为"奥"，一为"旷"，一适合独玩，一适合众赏，从而游赏心境也各不相同。

图 8-4 平湖秋月借月成名景

第三节 特色植物，四季有景

植物景观自古就是杭州传统园林极其重要的组成部分。唐代西湖白堤上就杨柳成荫，湖中荷花绽放，并且孤山上松柏遍布，杜鹃、梅花、桂花也已成为杭州的观赏花卉。北宋时，苏堤"桃柳相间"的植物景观特色已基本形成（图 8-5）。又据《咸淳临安志》中记载："西湖苏堤两岸多种芙蓉，秋日开花如霞锦。"这时的西湖之畔，已经形成一年四季各种花木竞相开放的植物景观，赏梅可去孤山和伍相庙、赏玉兰去灵隐寺、赏杜鹃花去孤山寺、赏牡丹去开元寺、赏桂花去灵隐和天竺、赏蜡梅去万松岭等。到了南宋，皇家园林、私家园林、寺观园林都注重植物景观的营造。《西湖游览志》描绘"宋行宫"有载，"入门，垂杨夹道，间以芙蓉，环朱阑"，"对阳春亭、清斋亭，前芙蓉，后木樨，玉质亭梅绕之"，"廊外即后苑，梅花千树，曰梅冈，亭曰冰花"。"集芳园"有载："有蟠翠（古松）、雪香（古梅）、翠岩（奇石）、倚绣（杂花）、挹露（海棠）、玉蕊（琼花）、清胜（假山）诸扁。"寺庙园林中的花木，尤以灵隐寺的月桂、天竺寺的木樨、云居寺的青桐、招贤寺的紫阳花、菩提寺南漪堂的杜鹃花、吉祥寺及宝成寺的牡丹、真际寺及保国寺的银杏、韬光庵的金莲等最为有名。

明清时期，杭州园林日臻成熟，植物景观营造也延续以往的做法，形成了种类多样、四季有景的效果。明高濂的《遵生八笺》及《四时幽赏录》、明末清初张岱的《西湖梦寻》、明田汝成的《西湖游览志》及《西湖游览志余》、明万历

《杭州府志》，清陈淏子的《花镜》、清沈德潜的《西湖志纂》、清傅王露的《西湖志》、清《康熙杭州府志》、清《乾隆杭州府志》等古籍中都有详细描述。其中植物种类方面，在原有牡丹、木芙蓉、荷花、玉兰、紫薇、樱花、杜鹃、梅花、月季、海棠、香樟、枫香、苦槠、银杏等植物基础上，出现了包括冬青、柽柳、红蓼、榉树、椿、秋葵、锦葵、紫荆、夹竹桃、玉兰、丁香、漆树、黄杨在内的很多植物，有具体记载的多达66种。

图8-5 苏堤春晓

植物还是明清杭州园林文化的符号，众多景点都与植物相关。如清西湖十八景中的梅林归鹤（梅）、鱼沼秋蓉（秋芙蓉）、莲池松舍（莲）、凤岭松涛（松）、西溪探梅（梅）（图8-6）、蕉石鸣琴（芭蕉），清乾隆二十四景中的吟香别业（荷花）。在具体景点营造上，侧重利用原有的山林植被，体现植物的色彩美、姿态美、香味美、声响美和光影美，且注重四季有景。如梅花是孤山植物景观的一大特色，自北宋大诗人林逋在孤山北麓环居种植梅树360株，历朝历代多有补植，至清初梅林已与原有山林融为一体，孤山赏梅成为当地文人雅士一大喜好，梅花神清骨冷，与林逋恬淡高洁的品性相得益彰，此处梅林也就呈现出香雪如海的初春美景。清圣因行宫八景中也有众多以植物景观为基础的景点，如"竹凉处"，在原有松林的基础上，种植了万竿绿竹，其间夹杂着各类怪石，形成清阴茂密的环境，其中夏季竹林雨后初晴的景色尤为让人心动，日光从竹叶的缝隙中漏射下来，留下几处斑驳光影，竹叶上挂落的水滴隐藏着翠竹的清香，鸟语山幽，清凉如玉的夏景扑面而来。如"绿云径"，园路选择修筑于孤山山岗之上，这里花木繁茂，古藤攀缘于古木之上，青苔嵌于奇石之间，行走于此，枝条叶片的空隙处可以隐约欣赏到西湖南、北两侧的景色，清风拂过，人语声隐隐约约，不费人工之事，即可营造出远离嚣纷的世外之境。又如"鹫香庭"，取自唐宋之问《灵隐寺》中的"桂子月中落，天香云外飘"，而"月中桂"来自灵隐寺的桂花传说，唯灵隐灵鹫山（即飞来峰）中有之，故名"鹫香"，又有御制诗"山水清晖蕴，挺生仙木芳。徒观叶蔚绿，因忆粟堆黄。雅契惟期月，敷荣却待凉。何当秋宇下，满意领天香。"等诗文描绘这一处的美景，园景的营造与诗文的撰写相辅相成，既将诗文作为园林构图之本，又利用文学品题将园林景观诗化。鹫香庭以孤山山岗为背景，房前遍植桂花，金秋时节桂花飘香，若恰逢中秋，赏花与赏月同行，花香因夜间花露更加沁人心脾，营造出芬芳喜悦的秋景；再如"玉兰馆"，与鹫香庭相近，堂前多植白玉兰，花开时节，远望如琼枝玉树，营造出清新雅致的春景。

图 8-6　西溪探梅

第四节　品味自然，五感俱全

五感，即视觉、听觉、嗅觉、触觉、味觉。五感这一说法最初见于佛教的"五根"，根是指人体的感觉器官，五根即眼、耳、鼻、身、舌五种具有认知功能的器官。当代园林倡导利用五种感官综合感知园林环境，其实这一设计理念由来已久，中国的古人便善于利用这一方式营造园林，明清杭州园林也不例外，且在运用手法上多有精妙之处，大多基于当地的自然山水环境，外加人工的少量点缀，从而运用多种感官形式全方位地感知园林，通过感受园林氛围，进而领悟园林意境。

如清乾隆二十四景中的"吟香别业"，可谓是清初西湖周边赏荷绝佳处，此处荷花绕堤，香远益清，通过诗文发现，古人营造这一景点没有仅仅停留在视觉的享受上，在这静态画面中又增添了人、轻舟、水鸟等活动的景物，活跃了园林氛围，进而从单纯的视觉感受向嗅觉、听觉、触觉延展开来。在景点取名上，更是直接越过直观所见之物，取名"吟香"，突出荷花的香味，深化了园林的主题，用词优美而意蕴深长。不妨再驰骋想象一下，古人好茶，西湖龙井更是当地一绝，面对如此美景岂能无茶，若再配上一壶好茶，恰是古人的生活情趣，这味觉的体验也便有了。至此，园林的营建才真正完整，娴静秀雅而五感俱全。再如孤山园林"六一泉"，位于述古堂第二进院落内，为苏东坡纪念恩师"六一居士"欧阳修而取名，泉水自堂下出，顺应山势缓缓流淌，池旁植有三五株梅花，是弹琴、听雨、品梅的好去处。古人好琴，悠扬的琴声与泉水的涓涓声相搭配，更显空灵；弹琴时多需焚香，香料的香味与梅花淡淡的花香相融合，更显清幽风雅。若是雨天，雨水落入泉池中的叮咚声、雨点打在树叶上的滴答声，以及泉水自身汩汩流动的声音三者合而为一，成为大自然美妙动人的旋律。

第五节 人文胜景，底蕴深厚

杭州园林以秀丽的湖光山色、悠久的历史、深厚的文化内涵，以及丰富的文化史迹闻名于世。杭州园林自东晋拉开造园的序幕，漫漫历史变迁中，无数名人造访于此，或题字，或取名，或吟诗，或书文，或造园，或旅游，如唐代诗人白居易在孤山南麓筑竹阁，北宋诗人林和靖结庐于孤山北麓，北宋文学家苏轼任职杭州期间，写下了无数诗文，其中一首《饮湖上初晴后雨》，以点睛之笔鲜活地描绘出西湖的景色，从此西湖有了"西子湖"的美名，这其中最为著名的是为纪念唐代杭州刺史白居易而命名的"白堤"、由宋代杭州知州苏轼所组织建造的"苏堤"，以及中国原创的山水美学景观设计手法"题名景观"的最经典作品——"西湖十景"，它们与历史悠久、极富文化含义的西湖特色植物"四季花卉"和"龙井茶"文化相得益彰，使西湖山水呈现出中国山水画的典型审美特征——朦胧、含蓄与诗意。因此，杭州园林承载了历朝历代各阶层人士的各种审美需求，并在中国"天人合一""寄情山水"的中国山水美学文化传统背景下，拥有了突出的精神栖居功能，对中国历代文人士大夫阶层都产生了强烈的吸引作用。

同时吴越国、南宋两代的建都，以及清代康熙、乾隆皇帝南巡并钦定"西湖十景"等重大历史事件的影响，西湖周边涌现了一系列相关的文物古迹，使其形成了特有的景观吸引力和文化魅力。这些佛塔、寺院、石刻造像、祠庙、道观、城门遗址、行宫、藏书楼等文物古迹，作为杭州园林悠久历史与文化的实物例证，有力证明了杭州文化景观的真实性、完整性和延续性，还充分展示了杭州文化景观的丰富性、多样性。如保俶塔、雷峰塔、六和塔、净慈寺、灵隐寺、飞来峰造像、岳飞庙、文澜阁、抱朴道院、钱塘门遗址、清行宫遗址等，它们分布于湖畔与群山之中，这些具有历史内涵的景物通过后人的提炼、加工，逐步演变为明清杭州园林的旅游景点，从而又吸引更多的游客到访，追古思今，留下大量的诗文（表8-1~表8-4）。

表 8-1　西湖景观组成要素表

景观要素	类别	要素成分	起始年代		要素分布地点	规模（平方米）	要素属性
			公元纪年	地质年代或历史年号			
西湖自然山水	西湖水域	外湖、西里湖、小南湖、岳湖、北里湖	约 2600 年前	新生代全新世晚期	杭州城以西，南山、北山峰峦环抱之中	水域面积 5593000	自然山水
	南山峰峦系列	吴山、紫阳山、凤凰山、将台山、玉皇山、九曜山、南屏山、夕照山、青龙山、大慈山、大华山、五云山、狮峰山、天竺山、棋盘山、南高峰、丁家山等	约 2.3 亿年前	中生代三叠纪末西湖之西、西北群峰	西湖之南、西南群峰	—	
	北山峰峦系列	孤山、葛岭山、将军山、灵峰山、北高峰、美人峰、龙门山、飞来峰、月桂峰、天马山等			—		
西湖景观格局	两堤	白堤	822—824	唐长庆二至四年白居易居官杭州期间	西湖北部水域	26100	西湖疏浚的人工景观产物
		苏堤	1090	北宋元祐五年苏轼居官杭州期间	西湖西部水域	96600	
	三岛	小瀛洲	936—944	五代后晋天福年间	西湖外湖西南部	76700	
		湖心亭	1090	北宋元祐五年	西湖外湖中心	5200	
		阮公墩	1809	清嘉庆十四年	西湖外湖中心	6125	
系列题名景观	西湖十景	苏堤春晓	1253—1258 成型于南宋宝祐年间 1699—1751 定型于清初康乾盛世		苏堤一带	96600	人与自然联合的景观作品
		曲院风荷			苏堤北端西侧	614	
		平湖秋月			孤山东南角滨湖地带	1600	
		断桥残雪			白堤东端的断桥一带	26100	
		花港观鱼			苏堤南端以西	2500	
		柳浪闻莺			西湖东岸钱王祠北湖滨	5400	
		三潭印月			西湖外湖的小瀛洲	76700	
		双峰插云			西湖西部的南、北高峰	不限	
		雷峰夕照			西湖南岸的夕照山一带	131900	
		南屏晚钟			西湖南岸的南屏山一带	39100	

景观要素	类别	要素成分	起始年代		要素分布地点	规模（平方米）	要素属性
			公元纪年	地质年代或历史年号			
西湖文化史迹	佛教文化代表性遗址	保俶塔	976	北宋太平兴国元年	西湖北岸宝石山	800	人工建造的文物古迹
		雷峰塔遗址	977	北宋太平兴国二年	西湖南岸夕照山	1400	
		六和塔	970	北宋开宝三年	钱塘江北月轮山	12622	
		净慈寺	954	五代后周显德元年	西湖南岸	39100	
		飞来峰造像	951	五代后周广顺元年	西湖以西北高峰南麓	63000	
		灵隐寺	326	东晋咸和元年	西湖以西北高峰南侧	288725	
	儒家文化代表性史迹	岳飞墓（庙）	1221	南宋嘉定十四年	西湖北岸栖霞岭南麓	15842	
		文澜阁	1782	清乾隆四十六年	孤山南麓	7390	
	道教文化代表性史迹	抱朴道院	317—420	东晋年间	西湖北岸葛岭	2000	
	重大历史事件代表性史迹	钱塘门遗址	1148	南宋绍兴十八年	西湖东岸北部	110	
		清行宫遗址	1705	清康熙四十年	西湖北部孤山南麓	15700	
	文化名人代表性史迹	舞鹤赋刻石	1696	清康熙三十五年	西湖北部孤山南麓	410	
		林逋墓	1028	北宋天圣六年林逋卒年			
	近代代表性史迹	西泠印社	1904	清光绪三十年	西湖北部孤山西南角	5758	
	茶文化代表性史迹	龙井	220—265	三国时期	西湖西南风篁岭	2000	
西湖特色植物	四季花卉	春桃、夏荷、秋桂、冬梅	13世纪	至迟始于南宋	西湖周边及湖上	—	自然植物
	桃柳相间	苏堤、白堤以及滨湖岸线	11世纪	北宋苏轼居官杭州期间	西湖沿岸及湖堤	—	
	龙井茶园	龙井、满觉陇、翁家山、杨梅岭、双峰、灵隐、茅家埠、九溪	317—420	东晋	西湖西南灵隐至风篁岭一带	2400000	

表 8-2　西湖十景概况表

西湖十景	历史年代	景址	范围 m²	景域	范围 hm²	景观要素遗存	审美主题
苏堤春晓	南宋至今（13世纪—21世纪）	湖西外湖与西里湖等水域之间	96600	堤东的外湖水域及三岛、堤西的西里湖水域和湖西群山峰峦，堤北段西侧的玉带桥、曲院风荷，堤北段东侧的白堤与西泠桥、孤山	2052.12	苏堤堤体、苏堤春晓御碑、御碑亭、映波桥、锁澜桥、望山桥、压堤桥、东浦桥、跨虹桥	春季清晨的长堤和植被景观
曲院风荷		湖北苏堤北端西侧、岳湖滨湖地带	614	景点南面的岳湖水域及其西侧群山峰峦，景点东面的苏堤，景点南面的"玉带晴虹"景点	655.51	院落、曲院风荷御碑、御碑亭、玉带桥	夏日的荷花和畔水的园林院落
平湖秋月		湖北孤山南麓东端滨湖地带	1600	月色，外湖水域及三岛，西湖西、南、东环湖群山和景观，景点西侧的孤山	857.28	院落、梁板桥、御书楼、临湖平台、曲桥、平湖秋月御碑、御碑亭、月波亭	秋季的湖面和月色
断桥残雪		湖北白堤东端	26100	西湖雪景，桥北的北里湖和葛岭景观，桥西的孤山，桥南的外湖水域及其东、南沿湖景观	917.25	断桥、断桥残雪御碑、御碑亭、"云水光中"水榭、白堤、锦带桥、石涵路摩崖题刻	冬季西湖的雪景
花港观鱼		湖西小南湖与西里湖之间	2500	景点北侧的西里湖水域及西侧群山峰峦，景点东侧的苏堤	301.87	鱼池、假山、院落边界、花港观鱼御碑、御碑亭、细卵石铺地	私家宅园中的动植物生机
柳浪闻莺		湖东钱王祠北滨湖地带	5400	景点西侧的外湖水域及其北、西、南环湖群山	997.81	柳浪闻莺御碑、御碑亭	清晨微风中的柳林
三潭印月		湖中小瀛洲及洲南水域	76700	景点四面的外湖湖面，月影，外湖东、南、西群山景观，景点西侧的苏堤	949.70	外环堤、中横堤、中心岛、三石塔、我心相印亭、九曲桥、太湖石、三潭印月御碑、御碑亭、花鸟厅、迎翠轩、南舒亭、平桥、卍字亭、竹径通幽门、北曲桥、亭亭亭、开网亭、九狮石、先贤祠大门、先贤祠正殿、祠北平桥、闲放台	月、塔、湖的相互辉映
双峰插云		湖西南高峰、北高峰2山峰峦	不限	南高峰、北高峰、西湖西部群山和云气	395.02	御碑亭、双峰插云御碑	云雾缭绕中的山峰
雷峰夕照		湖南净慈寺北、夕照山上	131900	夕阳、黄昏的光线，景点北侧的西湖水域、两堤三岛，西湖西、北、东环湖群山景观	787.75	雷峰塔遗址、御碑亭院落遗址	黄昏的光线和山上古塔的剪影
南屏晚钟		湖南南屏山麓	39100	景点南侧的南屏山，景点南面的夕照山、雷峰塔	29.39	2御碑亭、南屏晚钟御碑、乾隆诗碑、照壁、放生池、净慈寺山门、净慈寺大殿、如净禅师墓塔	夜晚寺庙的钟声在山谷的回音

表 8-3 代表性文化史迹概况表

序号	遗存名称	时　　代	位置	类别	保护级别	规模 m²	历史遗存
1	保俶塔	始建于 976 年，历代维修，1933 年在原塔心遗存的基础上重点修复	西湖北岸宝石山	古建筑	市级文物保护单位	800	保俶塔、明代塔刹
2	雷峰塔	遗址始建于 977 年，历代维修；1924 年倒塌、呈遗址状；2002 年为保护遗址加盖保护设施	西湖南岸夕照山	古遗址	省级文物保护单位	1400	雷峰塔遗址、御碑亭院落遗址、雷峰夕照御碑、夕照亭
3	六和塔（含开化寺遗址）	始建于 970 年，1153 年重修、原状 7 层，1899 改塔檐为 13 层	西湖以南、钱塘江北岸月轮峰	古建筑	全国重点文物保护单位	12622	六和塔、开化寺遗址、石牌坊、乾隆御碑及六和碑亭、六和泉池、乾隆诗碑
4	净慈寺	始建于 954 年，历代维修；1934 年失火后重点修复大殿与山门，1984 年重点修复钟楼	西湖南岸	古建筑	市级文物保护单位	39100	御碑亭、南屏晚钟御碑、乾隆诗碑、照壁、放生池、净慈寺山门、净慈寺大殿、如净禅师墓塔
5	灵隐寺	始建于 326 年，历代维修；1583 年曾重点修复寺院主要建筑；1953 年失火后原样重建	西湖以西、北高峰南麓	古建筑	省级文物保护单位	465（塔幢）	天王殿、大雄宝殿、双石塔、双经幢
6	飞来峰造像	始建于 951 年，10—12 世纪少量造像，1282—1291 年大规模造像	西湖以西、北高峰南侧	石刻造像	全国重点文物保护单位	288725	分布于青林洞、飞来峰顶、玉乳洞、龙泓洞、冷泉溪、无名洞、呼猿洞的 115 处造像；春淙亭、翠微亭、壑雷亭、冷泉亭、理公塔
7	岳飞墓（庙）	墓始建于 1163 年，1221 年建庙，1450—1521 年改为"忠烈庙"，"文革"之后于 2000 年重点维修	西湖北岸栖霞岭南麓	古墓葬	全国重点文物保护单位	15842	岳飞墓冢、墓阙、岳云墓冢、墓前石像生、"尽忠报国"照壁、碑廊、精忠桥、忠泉、山门、八字墙、忠烈祠大殿、烈文侯祠、辅文侯祠、精忠柏亭、"一门忠孝"门、启忠祠大殿、启忠祠东庑、启忠祠西庑、南枝巢、正气轩、院墙、大门
8	文澜阁	始建于 1782—1784 年，太平天国（1860）时毁于战火，2006—2010 年进行全面维修保护工程	西湖北部孤山南麓	古建筑	全国重点文物保护单位	7390	文澜阁、石础、水池、"仙人峰"太湖石、回廊、假山、乾隆御书碑亭、乾隆御书碑、光绪御书碑亭、光绪御书碑、趣亭、月台、平厅、垂花门、太乙分青室遗址、罗汉堂
9	抱朴道院	相传始建于 317—420 年，1667 年重建，1915—1923 年扩建，1984 年重点维修	北里湖北岸葛岭	古建筑	文物保护点	2000	山门、上山第一亭、迎仙亭、假山、院墙、抱朴庐遗址、红梅阁
10	钱塘门遗址	始建于 1148 年，1912 年因城墙拆除仅存遗址，2008 年经考古发掘揭露展示	西湖东岸北部	古遗址	全国重点文物保护单位	110	门洞侧壁基础遗存、门道遗存、城墙夯土遗存

序号	遗存名称	时　代	位置	类别	保护级别	规模 m²	历史遗存
11	清行宫遗址	始建于 1705 年，1911—1927 改变为"中山公园"使用，2008 年考古发掘行宫建筑基址，实施保护展示	西湖北部孤山南麓	古遗址	市级文物保护单位	15700	头宫门、垂花门遗址、院墙墙基遗存、玉兰馆台基遗址、西厢房遗址、戏台遗址、玉兰馆庭院遗址、鹭香亭台基遗址、鹭香亭走廊及围墙遗址、鹭香亭庭院遗址、领要阁遗址、清行宫园林建筑遗址、御碑亭遗址、绿云径遗址、四照亭、贮月泉、西湖天下景
12	舞鹤赋刻石及林逋墓	始建于 1028 年，1699 年刻"舞鹤赋刻石"，1915 年修复林逋墓，2008 年经考古清理、廓清墓园环境	西湖北部孤山北麓东端	碑刻	市级文物保护单位	0.37（5300）	舞鹤赋刻石、放鹤亭、林逋墓
13	西泠印社	社团成立于 1904 年，保存有 1876 年、1905—1924 年所建建筑、园林	孤山西南角	古建筑	全国重点文物保护单位	5758	柏堂、印人书廊、竹阁、数峰阁、西泠印社石坊、石交亭、山川雨露图书室、仰贤亭、宝印山房、曲廊、鸿雪径、凉堂、四照阁、华严经塔、褆襟馆、鹤庐、汉三老石室、剔藓亭、观乐楼、还朴精庐、遯庵、鉴亭、西泠印社后山石坊、印泉、文泉、闲泉、小龙泓洞、"缶亭"石龛、小盘谷、阿弥陀经幢、潜泉
14	龙井	井所在的龙井寺始建于 1438 年，井的始建年推测更早	西湖西南凤篁岭	古建筑	市级文物保护单位	2000	龙井、湖石假山、神运石、东部二水池

第六节　山水旅游，兴盛繁荣

　　山水旅游自唐代兴起，到了明嘉靖、万历年间，开始兴盛繁荣起来，成为当时的一种社会风尚。明代大文学家袁宏道称：旅游乃文人士大夫的"一癖"，是塑造文人士大夫文化品格的重要内容。袁宏道的弟弟袁中道亦称："天下质有而趣灵者莫过山水。予少时知好之，然分于杂嗜，未笃也。四十之后，始好之成癖，人有诧予为好奇者。"这时的旅游不仅仅是休闲性质的游山玩水，更是标榜着一种生命生活的美化，是一项集自然美、艺术美与生活美为一体的综合性审美活动。

　　作为明清杭州园林的重要组成部分——西湖，不仅美在湖光山色，亦美在人文底蕴，自南宋以来，它就成为旅游胜地，至明代旅游愈加兴盛。张瀚在《松窗梦语》中记载了清明、霜降期间杭城居民外出游玩的盛况："然暮春桃柳芳菲，苏堤六桥之间一望如锦，深秋芙蓉夹岸，湖光掩映，秀丽争妍。且二时和煦清肃，独可人意。

阖城士女尽出西郊，逐队寻芳，纵苇荡桨，歌声满道，箫鼓声闻。游人笑傲于春风秋月中乐而忘返。四顾青山，徘徊烟水，真如移入画图，信极乐世界也。"晚明钱塘人虞淳熙曾登上西湖南面的慧日峰，目及所至："江舟如叶，湖舟如凫，锦塘苏堤，游人如蚁，箫鼓隐隐，声如蜩蟧，而瓦如鳞，山如髻，则城中浙外之景也。"

还有文人士大夫总结了杭州一年四季的宜游活动，如明代著名戏曲家高濂所撰写的《四时幽赏录》（表8-4），与现今的旅游指南极为类似。

表8-4　高濂《四时幽赏录》内容列表

观赏时间	观　赏　内　容
春时幽赏	孤山月下看梅花、八卦图看菜花、虎跑泉试新茶、保俶塔看晓山、西溪楼啖煨笋、登东城望桑麦、三塔基看春草、初阳台望春树、山满楼观柳、苏堤看桃花、西泠桥玩落花、天然阁上看雨
夏时幽赏	苏堤看新绿、东郊玩蚕山、三生石谈月、飞来洞避暑、压堤桥夜宿、湖心亭采莼、湖晴视水面流虹、山晚听轻雷断雨、乘露剖莲雪藕、空亭坐月鸣琴、观湖上风雨欲来、步山径野花幽鸟
秋时幽赏	西泠桥畔醉红树、宝石山下看塔灯、满家弄赏桂花、三塔基听落雁、胜果寺月岩望月、水乐洞雨后听泉、资严山下看石笋、北高峰顶观海云、策杖林园访菊、乘舟风雨听芦、保俶塔顶观海日、六和塔夜玩风潮
冬时幽赏	湖冻初晴远泛、雪霁策蹇寻梅、三茅山顶望江天雪霁、西溪道中玩雪、山头玩赏茗花、登眺天目绝顶、山居听人说书、扫雪烹茶玩画、雪夜煨芋谈禅、山窗听雪敲竹、除夕登吴山看松盆、雪后镇海楼观晚炊

另有陈昌锡的《湖山胜概》、俞思冲的《西湖志类钞》、田汝成的《西湖游览志》等都图文并茂地介绍了西湖诸景点，还附上了生动的诗文，让读者仿佛身临其境，这类书籍在当时都大受欢迎（图8-7）。

图8-7　《湖山胜概》中的吴山全景图

到了清代，康熙、乾隆多次南巡来到杭州，每次皆游览了西湖众多景点，并留下了大量诗文，促使西湖各景点都得到了较好的修复，山水旅游愈加兴盛。这一时期也出现了大量与明代类似的旅游指南，如徐逢吉的《清波小志》、翟灏的《湖山便览》、张仁美的《西湖纪游》、许承祖的《雪庄西湖渔唱》等，且景点介绍更为客观、全面和详细。

其中翟灏的《湖山便览》全书分为十二卷，按区位分为纪盛（卷一）、孤山路（卷二、卷三）、北山路（卷四、卷五、卷六）、南山路（卷七、卷八、卷九、卷十）、江干路（卷十一）和吴山路（卷十二），记录了各景点的确切位置、历史变迁以及诗文描述，并绘制了西湖十景图（表8–5）。

表8–5 《湖山便览》景点记录表

卷号	题目	景 点 名 称
卷一	纪盛	圣因寺、行宫、湖、山、六井、十景
卷二	孤山路	白沙堤、断桥残雪亭、总宜园、拧碧园、秦楼、垂露亭、锦带亭、望湖亭、平湖秋月亭、嘉泽庙、莲池庵、陆宣公祠、吟香别业、处士桥、照胆台、朱文公祠、西林桥、叶广居宅、巢云居、苏小小墓、孤山、岁寒岩、四照阁、岁寒亭、后湖、林处士隐居、巢居阁、水亭、放鹤亭、梅亭、和靖墓、和靖祠、四贤祠、高菊磵墓、宋藏冰室、玛瑙坡、玛瑙宝胜院、西阁、高僧塔、闲泉、仆夫泉、快雪堂、报恩寺、六一泉、东坡庵、数峰阁、广化寺、辟支塔、柏堂、竹阁、僧录房、金沙井、智果观音院、参寥泉、四圣延祥观、西太乙宫、凉堂、瀛屿、小蓬莱阁、挹翠堂、贾亭、杨公济堂、易从山亭、董静传书楼、梅隐、水竹居、梅花屿、大雅堂、孤山草堂
卷三	孤山路	苏公堤、映波桥、先贤堂、旌德观、定香寺、定香桥、花港观鱼亭、锁澜桥、湖山堂、三贤堂、花坞、望山桥、华港、苏堤春晓楼、怀山台、压堤桥、水仙王庙、推菊亭、雪江讲堂、崇真道院、圆通接待庵、东浦桥、松窗、跨虹桥、曲院风荷亭、烟水矶、西湖书院、崇文书院、秋水观、梅花坞、陈伺御园、魏阉祠、竹素园、湖山神庙、金沙港、赵公堤、曲院、杜光谦宅、小隐园、天泽庙、资国院、宋庸斋墓、裴园、马螈桥、金沙堤、玉带桥、关帝祠、杨公堤、里六桥、湖心亭、湖心诗社、三塔、三潭、水心保宁寺、放生池、三潭印月亭
卷四	北山路	钱塘门、钱塘、九曲城、史君新径、秀邸园、九曲法济院、上船亭、玉莲堂、谢府园、菩提院、南漪堂、玉壶园、双清楼、来鹤楼、镜阁、昭庆寺、白莲堂、戒坛、望湖楼、先得楼、钱塘尉司廨、片石居、白公堤、下湖、石函桥、德生堂、水磨头、姜石帚寓馆、古柳林、云洞园、桃花港、精进院、九连荡、涌泉、羊坊桥、霍山、广惠庙、庆忌塔、哇哇宕、灵卫庙、羊角埂、松木场、梅庄园、菌阁、泥桥、西观音山、宋试院、宝石山、寿星石、保俶塔、崇寿寺、学士轩、天然图画阁、宝峰楼、一勺泉、善住阁、看松台、来风亭、宝胜院、黄子久别业、巾子楼、金轮梵天院、保椒山、屯霞石、秦皇缆船石、大佛寺、十三间楼、倚醉楼、多宝院、吾邱遗文家、水月园、显功庙、嘉泽庙、荐菊泉、具美园、饮绿亭、秀野园、孙花翁墓、葛岭、上智国寺、寿星园、江湖伟观、普安寺、陈文素公墓、宝云山、锦坞、宝云寺、清轩、涵青精舍、治平寺、玉清宫、初阳台、葛公丹井、葛洪墓、神光楼、井西丹房、隐真馆、葛无怀居、玛瑙讲寺庙、后仆夫泉、半春园、竹西山居、乐寿堂、后乐园、养乐园、多宝阁、香月邻、招贤寺、小辋川、惠献贝子园、宝严院、赵紫芝墓、虎头岩、显明院、洪忠宣祠、嘉德永寿寺、柱阁元关、施梅川墓、风林寺、快活园

175

卷号	题目	景 点 名 称
卷五	北山路	栖霞岭、忠烈庙、流芳亭、项承恩书画肆、仇山村墓、张光弼墓、乌石峰、妙智庵、紫云洞、双桐庵、懒云窝、古剑关、辅文侯墓、白沙泉、金鼓洞、扫帚坞、黄龙洞、护国仁王寺、天龙洞、六梦岩、永安院、仙姑山、耿家步、鲜于伯机庐、石板巷、张烈文侯祠、寥药洲园、神仙宫、佛光福寿院、青枝坞、青涟寺、玉泉、玉泉龙王庙、明白纸局、洗心亭、细雨泉、晴雨轩、圣水池、普向院、郑竹隐墓、鲍家田、南禅资福尼寺、秀野园、神霄雷院、灵峰禅寺、听泉石、桃源岭、宋济王墓、普济寺、九里松、行春桥、小行春桥、双峰插云亭、宋步军教场、嬉游园、忠勇庙、明昌宫、钱氏书藏、斑衣园、青松居士宅、胭脂岭、普福寺、圆觉天台教寺、朱行人祠、石狮子路、水竹坞、黑观音堂、集庆讲寺、月波亭、白乐桥、陈明府庙、香林园、朱墅、袁君亭、二门寺、灵隐山、汉会稽西部都尉治、汉钱塘县治、云林寺经幢、千佛阁、罗汉殿、直指堂、莲峰堂、白云庵、唐公祠、蘸笔池、归云庵、罗汉洞、西涧、西庵、紫竹林、松霭山房、岣嵝山房、灵鹫兴圣寺、灵山海会阁、天香方丈、北高峰、北高峰塔、望海阁、巢构坞、韬光寺、韬光泉、金莲池、吕真人祠、玉兔家、石室、资岩山、石笋峰、白沙泉、普圆院、白衲庵、宁峰庵、龙门山、杨梅石山、石佛庵、吴山团、永安精舍、栗山、石人岭、吴宣靖王墓、时思荐福庵、无者塔、茯苓泉、显亲报恩寺
卷六	北山路	飞来峰、龙泓洞、丁翰之憩馆、理公岩、射旭洞、青林岩、青壁槛、丹崖、紫薇亭、石桥、卧犀泉、钱源、冷泉、暖泉、醴泉、西坞漾、冷泉亭、石门涧、连岩栈、伏龙栈、卧龙石、隐居堂、虚白亭、候仙岩、观风亭、见山亭、窸雷亭、翠微亭、回龙桥、春淙亭、合涧桥、白猿峰、呼猿洞、饭猿台、听奇亭、白阁、青莲山房、醉石、天竺山、下天竺法净寺、佛殿立石、炼丹井、七叶堂、西岭草堂、蔷薇堂、金光明三昧堂、日观庵、宋御书阁、宋御园、枕流亭、跳珠轩、苍筤村、岩栖山房、月桂峰、月桂亭、曲水亭、香林洞、神尼塔、再来泉、梦谢亭、翻经台、莲花峰、三生石、玉女岩、中天竺寺、华严阁、天香阁、白衣观音堂、如意泉、宝掌桥、永清坞、稽留峰、思真堂、葛坞、枫木坞、真观塔、中印峰、水月池、上竺法喜寺、肃怡亭、吴越经幢、多幅院、复庵、白云堂、十六观堂、天仙楼、秋芳阁、云汉阁、双桧轩、谢屐亭、湖山佳处、竹云楼、乳窦峰、白云峰、云液池、琴冈、乌石岩、双桧峰、云隐坞、幽淙岭、郎当岭、天门山
卷七	南山路	涌金门、涌金楼、丰乐楼、湖堂、杏花园、迎光楼、柳洲、柳洲寺、柳洲亭、五龙王庙、张子野旧庐、环碧园、养鱼庄、二贤祠、问水亭、小瀛洲、两峰书院、集贤亭、清波门、聚景园、学士桥、柳浪桥、兴福院、定水院、仙姥墩、鲍当宅、周辉宅、周元公祠、灵芝寺、依光堂、显应观、钱王祠、柳浪闻莺亭、宋省马院长桥、飞仙里、水南半隐、南园、澄水闸、南屏山、慧日峰、南屏书院、南屏别墅、南屏吟社、净慈寺、净慈钟楼、南屏晚钟亭、万工池、双井、罗汉堂、宗镜堂、慧日阁、天镜楼、莲花洞、居然亭、石佛洞、罗汉洞、独秀石、宋望祭殿、高士坞、万峰山房、雨华台、丛玉轩、普度亲庵、兴教寺、金鲫池、小有天园、幽涧洞、双喜岩、欢喜岩、琴台、丹崖、摩崖石经、南山亭、雷峰、徐炳宅、雷峰塔、显严院、南轩、雷峰西照亭、吴越西关门、宋临安府社稷坛、昭庆寺、惠照亭、甘园、谢府新园、漪园、小蓬莱、上清宫、寓林、读书林、南山小筑、鹤渚、翠芳园、真珠园、荷香亭、藕花亭、净相院、普宁院、方家峪、小南屏山、广教院、吴越武肃王庙、乌龙井、西林法慧院、雪斋、张宣公祠、忠节祠、襃亲崇寿寺、凤凰泉、观音洞、西莲瑞相院、赵冀王园、华津洞、梯云岭、宁远阡、水月寺、灵固石
卷八	南山路	赤山、赤山埠、浴鹄湾、宋造会纸局、李中勇墓、玉岑山、南岑别业、玉岑诗社、惠因洞、铁窗槛洞、法云寺、华严阁、广果寺、宋试院、法雨寺、凝神庵、武状元坊、宋赤山酒库、筲箕泉、九曜山、太子湾、宝林寺、法因寺、发祥祠、广法院、修吉寺、石屋岭、石屋洞、甘溪、大仁寺、齐树楼、蝙蝠洞、烟霞岭、烟霞洞、清修寺、佛手岩、联峰、水乐洞、水乐园亭、西关净化院、点石庵、归云庵、石佛接待院、南高峰、南高峰塔、荣国寺、先照坛、最上庵、天池洞、颖川泉、留余山居、听泉亭、刘公泉、三台山、法相寺、法相山亭、定光庵、镜花阁、六通寺、华严庵、旌功祠、大慈山、钱粮司岭、荆山沇、甘露寺、屏风山、白鹤峰、大慈定慧寺、虎跑泉、滴翠轩、翠樾堂、樵歌岭、崇先袭庆寺、真珠泉、越王台、儿门

卷号	题目	景 点 名 称
卷九	南山路	丁家山、丁家山亭、蕉石山房、大麦岭、花家山、卢园、茅家埠、独角门、观音泉、醉白楼、小麦岭、强几圣墓、旌德显庆寺、太清宫、梅坡园、灵隐观、灵石山、灵石寺、灵石西庵、崇因报德院、薛太尉墓、积庆山、冰壑书堂、君子泉、放马场、饮马桥、栖真院、吴越仰妃墓、章郇公墓、赞宁塔、棋盘山、金沙泉、崇恩演福寺、夕佳楼、净林广福院、暗竹园、垢院、松声楼、鸡笼山、陈寺丞墓、金钟峰、方山、白莲院、玉沟涧、登善庵、句曲外史墓、风篁岭、龙井、龙井寺、过溪亭、龙泓涧、听泉亭、神运石、一片云、涤心沼、方圆庵、翠峰阁、龙王祠、茶坡、玉泓池、萨埵石、辨才塔、钵池、小水乐、莼壁山房、石室、龙井山斋、老龙井、寿圣院、潮音堂、讷斋、闲堂、照阁、寂室、月林堂、新庵、冲泉、显应庙、狮子峰、杨梅坞、弥陀兴福院、九溪十八涧、褚秘书墓、梅园、南涧草堂、杨梅岭、翁家山、杨梅坞、满觉陇、匏庵、冬花厂、理安山、理安寺、法雨泉、松颠阁、符梦阁、且住庵、澹社、涌泉庵、宏法坞、螺髻峰、八角峰、马鞍山、保寿院、百丈坞、石壁山、五云山、真际院、曲江草堂、胡端敏墓、云栖坞、回耀峰、青龙泉、云栖寺、余知阁宅、皇竹亭、洗心亭、天柱寺
卷十	南山路	万松岭、敷文书院、圭石、振衣亭、见湖亭、留月台、徐处士故庐、刘德初第、陈公实宅、天章阁、富览园、报恩寺、报先庵、茶坊岭、惠明院、郭公泉、凤凰山、八蟠岭、凤门泉、柳浦、唐州治、虚白堂、东楼、高斋清晖楼、因严亭、西园、南亭、吴越国治、双门、握发殿、八会亭、天长楼、功臣堂、碧波亭、钱唐府亭、北宋州治、中和堂、清暑堂、巽亭、望越亭、清风亭、燕思阁、红梅阁、隐秀斋、风味堂、南宋行宫、宫城、文德殿、垂拱殿、崇政殿、延和殿、福宁殿、复古殿、损斋、选德殿、慈宁宫、坤宁殿、后苑、小西湖、澄碧殿、钟美堂、翠寒堂、芙蓉阁、依桂阁、披香阁、明远楼、别是一家春、观堂、天开图画台、东宫、学士院、报国寺、舞风轩、凤籠庵、小仙林寺、三松轩、映壁庵、流杯亭、尊胜寺、望江亭、桐井、白塔、回峰、洗马池、般若寺、乌龙庙、兴元寺、海鲜桥、中峰、望海亭、天峰孤啸亭、郭公泉、崇圣塔、圣果寺、三佛寺、松涛阁、崇圣院、月岩、月榭、排衙石、金星洞、菜元长第、宋殿前寺衙、梵天寺、释迦舍利塔、零鳗井、张居土隐居、双凤山居、凤山书屋、光明寺
卷十一	江干路	钱塘江、江潮、候潮门、捍海塘、铁幢浦、叠雪楼、上蚂路、铁沙河、庙子湾、昭贶庙、安济亭、映江楼、樟亭驿、浙江亭、观潮楼、江楼、映发亭、草阁、广陵侯庙、浙江渡、包家山、冷水峪、壮观园、福泉庵、风云雷雨山川坛、三一庵、嘉会门、宋车辂院、宋御马院、宋象院、红桥、美政桥、玉津园、宋籍田、鸿雁池、宋高禖坛、白塔岭、龙山、石龙、龙居里、玉厨山、吴越文穆王墓、武功堂、表忠观、玉虚观、胜相寺、真觉院、褚高士墓、郑继之寓居、育王山、慈云岭、登云台、江湖伟观亭、石龙永寿寺、吴越吴夫人墓、勋贤祠、太极亭、宋郊邱、净明院、易安斋、天龙寺、天华寺、龙华宝乘院、司马温共祠、贯酸斋别业、龙山税务、月轮山、南果园、开化寺、六和塔、金鱼池、秀江亭、白贳亭、水轩、真圣观、灵泉广福院、砂井、秦望山、罗刹石、龙山渡、定山、龙门、徐村岭、罗昭谏墓、刘鄙王墓、范村、朱桥、杨村、坛山、风水洞、慈严院、界石院、浮山、渔浦、庙山
卷十二	吴山路	吴山、城隍庙、承天灵应观、天开图画阁、清晖亭、太虚、惠应庙、梓桐行祠、如此江山亭、吴山别业、火德庙、巫山十二峰、李隐君斋、强几圣宅、李公略寓阁、有余清轩、吴山元隐、方寸地、冷起敬隐居、泉石山房、保民坊、宋侍卫马军司衙、宋司农寺、宝月山、宝月寺、黑龙潭、天井、法惠寺、螺子峰、铁冶岭、宋侍卫步军司衙、郭婆井、杨铁崖读书处、七宝山、大观山、坎卦坛、汪越公庙、七宝院、广严院、樱桃园、五台宅、王明清寓居、宝山、青霞洞、龙神庙、宝奎寺、三茅宁寿观、三仙阁、石龙泉、梅亭、寅宾亭、江湖一览阁、钟翠亭、通元观、白鹿泉、开宝仁王寺、清平山、开元寺、定水寺、云居山、云居圣水寺、三佛寺、三佛泉、赞元亭、金地寺、瑞石山、紫阳洞、归云洞、望江楼、橐驼峰、紫阳庵、丁仙亭、瑞石山房、飞来石、月波池、雪风洞、涼云洞、宝莲山、金星洞、莫能名斋、阅古堂、青衣泉、重阳庵、宝成寺、瑞石泉、感花岩、宋太庙、紫阳别墅、伍公山、伍公庙、英卫庙、石佛院、宋都进奏院、海会寺、天明宫、东岳中兴观、宋太史局、至德观、有美堂、峨眉山、浅山、水神庙、宋杨太后宅、宋左右骐骥、宋七官宅、宋诸司诸军粮料院、竹园山、胥山坊、吴山井、长庆坊、忠义庙、百法寺、元妙观、子午泉、普光庵、镇海楼、灌肺岭、宗阳宫

到了民国时期，西湖旅游这一社会风尚随着沪杭、杭甬、浙赣等铁路线以及杭州至上海、南京、宁波等地公路的相继建成，上海、南京等地游客以及欧美、日本等国的游客日渐增多。据《杭州市政府十周年纪念特刊》记载，民国十九至二十五年（1930—1936）外地人到访杭州累计为32845人次。而现代杭州也是全国最早对外开放的旅游城市之一，1959年就接待外国游客1400余人次，港澳同胞2300余人次，国内游客500余万人次。直至今天，杭州旅游依旧兴盛繁荣，"杭州西湖文化景观"在2011年被正式列入世界文化遗产名录。可见，杭州的山水旅游由来已久，一脉相承。

第九章

明清杭州园林的传承与创新

第一节　明清杭州园林的保护现状

　　明清杭州园林是中国传统园林不可分割的一部分，得力于杭州"三面云山一面城"的地域环境，其山水园林特色鲜明，表达了杭州人民对自然山水的尊重，从而营造出顺应自然、感悟自然、人与自然和谐共处的美好环境。

　　但是由于太平天国的战火，加上抗日战争，不少园林毁于一旦。如小有天园在净慈寺西，南屏山麓，本名壑庵，清初为邑人汪之萼别墅。园内石笋林立，瘦削玲珑，有泉自石隙出，汇为深池。乾隆帝曾多次驻跸于此，赐名"小有天园"。清沈复《浮生六记》称："西湖之胜，结构之妙，以龙井为最，小有天园次之。"嘉庆年间，汪氏后人出售此园，后园林逐渐衰败，至道光年间已杂草塞道，荒芜不堪。太平天国战争中，由于太平军于南屏、凤凰诸山立营，小有天园受此影响毁坏殆尽，如今仅存司马光摩崖碑及米芾所书"琴台"石刻（图9-1）。又如红栎山庄，为邑人高云麟别墅，俗称高庄（图9-2）。庄内植春柳，四围亭台环之。内有莲池，池蓄金鱼。园景以春竹、夏荷、秋菊、冬梅出名。庄后小桥，下通湖中，由浚源桥望之，庄南历历可见，北可观隐秀桥，西看三台来水，玉琴清流，铮淙可听。园内园外互相映衬，湖山秀色一览在目。可惜抗日战争时期，杭州沦陷，庄屋被毁，只剩"藏山阁"一处现存于花港观鱼公园内（图9-3）。

图9-1　小有天园遗址现状

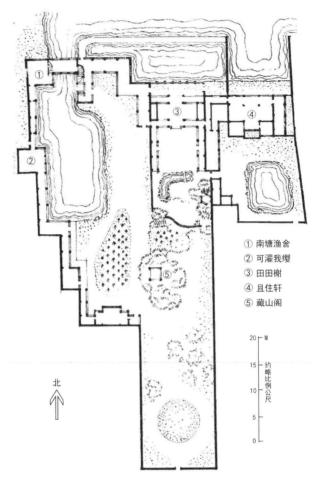

① 南塘渔舍
② 可濯我缨
③ 田田榭
④ 且住轩
⑤ 藏山阁

北

图 9-2　《江南园林志》中的红栎山庄平面图

图 9-3　红栎山庄仅存的藏山阁

另外，由于城市兴建的需要，一些园林因为地理的特殊，不得不被改造和重修，严重者甚至被毁掉。如皋园（图9-4），为清代以至民国期间杭州三大名园之一，历史悠久，内有清校楼，藏书甚富，又有梧月楼、绿雪轩、沧浪书屋、芙蓉亭、墨云堂、怡云亭等，且引外沙河之水入园，为涧为沼，曲折雅致，文人于此聚会题咏颇多。其后园多次易主。太平天国战事后，园已无主。杭州四绅士向公家购得之，名曰四贤别墅。民国时，许多书画家结书画社于其中，名曰"东皋雅集"。后因辟马路，园遂不存，仅留古樟数株。再如西湖大道上的丁家花园，原是南宋石榴园，乾隆时为巡抚王亶占别墅，后又归丁阶所有，易名为丁家花园。丁家花园规模之大，为杭州名园第一。建国后经过几次维修，不仅拆除了围墙，宅园范围和水域面积上也有缩小，同时因为地铁贯通的需要，入口处的几处园林建筑也被拆除之后再重修。此外如杭州西湖周边的别墅群，保护程度也不容乐观，如北山路上的坚匏别墅，现由多家住户分住，除大门门楼保存较好外，园内格局已很难分辨。

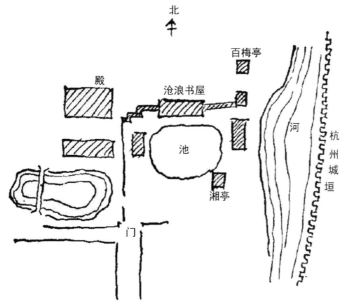

图9-4 《江南园林志》中的皋园平面图

而存留至今的私家园林如郭庄、胡雪岩故居，以及寺观园林如灵隐寺、净慈寺、福星观等都被列入国家或省级文物保护单位，这些园林均得到了较好的保护，甚至成为旅游景点，带动杭州经济增长。当然也有如蒋庄（小万柳堂）、湖山春社等园林被纳入西湖周边公园的范围，得到了应有的保护。但还有一部分遗存下来的园林被挪作他用，如水竹居，在秀隐桥西，为广州香山刘学询别业，故也称刘庄。园内亭台楼榭，极为宏丽，面临西湖，最得天趣，被誉为西湖第一名园。战乱中水竹居未遭破坏，但1950年后，被挪作招待所，园内建筑大多被改建，后归入西湖国宾馆。再如漪园，民国时仍有遗存，但在浙江西子宾馆的扩建中已不复存在。

传统园林的保护主要依赖于政府机关的保护政策和地方老百姓的保护观念，所以希望有关部门能够完善相关的园林文物保护法，加大保护的宣传力度，从而加强对传统园林的保护，具体保护建议有以下几条：

(1) 对于当下现存园林以保护为主，做到低影响开发，必要时限制游客流量，避免人流超载对传统园林的破坏。

(2) 对于历史上颇具盛名但不复存在的园林，考虑是否有必要在遗址上重建，以呈现古时的风貌。

(3) 在传统园林的修复或保护过程中，要确保完整、真实地传承传统园林的本来面目，力求"修旧如旧"。

(4) 传统园林的保护是一项长时间且耗资巨大的工程，门票只能作为其保护经费的补充，所以可以成立传统园林保护基金，呼吁政府拨款、社会企业赞助。

第二节　明清杭州园林技艺的传承与创新

中国园林艺术之所以有着丰富的主题思想和含蓄的意境，原因在于中国传统文化的博大精深和中国园林美学思想的丰富。明清杭州园林是中国山水园的杰出代表，它体现了杭州人民追求人与自然和谐相处的信念，更是体现了中国人民对"天人合一"传统理念的追求。认知是传承的前提与基础，在对明清杭州园林进行内在剖析之后，传承明清杭州园林精华的任务迫在眉睫，是当代风景园林工作者的重任。

进入 21 世纪以来，"可持续发展""生态文明"等理念越来越多地受到关注，尤其是党的十八大将生态文明建设放在突出的位置，以及 2013 年中央城镇化工作会议关于"城镇建设，要体现尊重自然、顺应自然、天人合一的理念，依托现有山水脉络等独特风光，让城市融入大自然，让居民望得见山、看得见水、记得住乡愁"的论述提出后，生态文明建设成为了时代的主旋律。对于当代设计师来说，如何在满足人们对设计对象的功能需求的同时，对传统园林技艺进行传承与创新，就成为一个刻不容缓，需要积极探索的问题了。

一、明清杭州园林传承与创新面临的问题

俄国思想家普列汉诺夫曾说，一个民族的文化，都是由它的精神本性决定的，它的精神本性是由民族的境况造成的，而它的境况归根到底是受生产力状况和生产关系所制约的。可见，要想更好地传承明清杭州园林文化，并且有所创造，就必须对园林艺术所赖以生成的时代背景进行分析，明确不同时代文化、不同地域特色等对园林艺术的影响，从而找到创新的方向。

1. 知识结构和审美情趣差异

特定时代由于政治、经济、文化各异，人们的欣赏情趣也就自有不同。中国古代园林大多服务于处在当时社会上层的士大夫阶层，造园主导者也多具有深厚

的文化素养，故而古代园林具有浓烈的追求雅致与恬淡的审美情趣，与当时流行的山水写意诗词绘画互为表里，存在着很大程度的文本互释现象。

而在信息爆炸的今天，人们的信息渠道、知识结构更趋多元化，审美倾向也往往大异其趣。这就需要设计师更加细化目标使用者群体，比如针对不同年龄、不同社群等做相应的设计工作。

2. 社会结构与经济水平差异

通过对传统园林史的了解，我们可以清楚地认识到，在中国古代园林中，宅园、宫苑园林、衙署园林等不对大众开放的园林所占的比例是远远高于公共园林的。故而在古代园林的建造中，造园者更多考虑到的是少数人、长时间留憩的游者情况，然后针对这样的游览模式做出种种安排。然而这样的造园模式在当下必须做出重大调整，例如，现今作为公共景观开放的传统园林，就经常性地出现人满为患、拥挤不堪的问题。

近代以来，随着社会结构的剧变，公众权利得到了很大程度的伸张，让更多人享受到均等的园林体验就成了当代景观设计师的责任。园林景观需要容纳的游赏者的数量也就大大提升，如何安排如此数量庞大的人群，让更多人更好地享受风景园林带来的乐趣，就是摆在设计师面前的新问题。此外，人数的增多，也势必使得游览模式发生改变，比如，从长时间停留向动态游览的转变是不可避免的，这一点，也是需要设计师加以考量的。

3. 文化沿袭与生态文明建设的内在要求

改革开放以来，人民的生活不断改善，国家也日益强盛，国际影响力越来越大，与此同时民族精神与民族文化地位也有了显著的提升，基于这样的背景，现代国人对园林游乐等也就有了新的诉求，需要设计师的积极响应。一方面，随着国家的崛起与民族文化地位的提高，越来越多的人开始认识到传统文化的可贵与可爱之处，文化意识的提高则需要更多优秀的具有传统园林文化底蕴的作品来满足人民日益增长的精神文明追求。

同时，经济高速发展也不可避免地带来了诸多"副作用"，其中最突出的，无疑就是自然环境的恶化，更多的人认识到了生态文明建设的重要性，对美好环境的追求也越来越迫切，这一点，恰恰切合于我国传统文化中"天人合一"的思想，传统园林建设和传承作为传统文化的重要载体之一，在重塑绿水青山的工作中，是可以有所作为的。

4. 模仿对象的拓展

近年来，学界普遍认为，对于经过人类主动创造的美学的自然，即"第三自然"，东西方景观设计所模仿的主题对象是存在差异的。以中国传统园林为代表的东方造园体系所模仿的目标主要以未经人类活动影响的原始自然环境为主，亦即所谓的"第一自然"，而西方世界的古代园林则以人类农业活动所改造的"第二自然"

为主，譬如法国规则园林对农耕阡陌的模拟与英国自然风景园大受本国发达畜牧业影响等事实，都是上述观点的证明。

随着时代的进步，历次工业革命以来，人类活动带给了自然环境重大变化。譬如以工业活动后产生的，自然环境受到破坏后的棕地（brown field site）为代表的"第四自然"，在自然中的比例越来越大，也越来越不能忽视。在这样的场地上进行设计实践，对既成事实进行呼应，不仅是生态文明建设的题中之义，也是进行传统园林传承创新不容缺失的组成部分。

二、明清杭州园林传承创新路径分析

1. 传统园林艺术是技艺与文化的结晶

由于明清杭州园林富于深厚的历史文化，设计师必须对这一领域进行深透的钻研。而传统园林因涉及范围广泛，就要求学习者不仅要对园林本身有充分了解，除需对《园冶》《长物志》《闲情偶寄》《花镜》等相关专业典籍谙熟于心，同时也需要充分理解传统园林艺术的"文化自然"，即富于杭州特色的传统文化，正所谓"汝果欲学诗，功夫在诗外"，否则就难免会有东施效颦的现象出现。20 世纪 90 年代出现的所谓"夺回古都风貌"，实则乱加大屋顶的闹剧，就是一个离现在不远的反面教材。

2. 融汇中西现代先进园林技艺

（1）空间组织的艺术手法

现代建筑与园林建设首先要探讨的就是空间问题，目前已经在这一领域积累了丰富的理论成果。中国设计师从近代以来就注重借鉴西方最新科学技术来分析解决我国特有的问题。而明清杭州园林玄妙、富于变化的空间组织模式也无疑是研究的绝佳对象，以浙江省浙派园林文旅研究中心等为代表的一系列杭州传统园林研究成果，使设计师深刻得以认识杭州传统园林艺术，从而广泛地影响着新时代传统园林的设计实践。

传统园林经过历代的创作实践，积累了大量丰富的设计理念和表现手法，尤其在对空间的处理方面，对现代的园林景观设计有着积极的借鉴作用。通过对空间布局、转换的种种手法，营造景深丰富的层次感，曲折回环的连续感，巧妙地实现"芥子纳须弥"的空间理念，使园林在有限的空间中蕴含着无限丰富的内容。如沈复所说："大中见小、小中见大、虚中有实、实中有虚、或藏或露、或浅或深，不仅在周回曲折四字也。"从历史发展的角度，"传统"并不意味着过去——许多巧妙的"传统"造园理念和手法，延续在当今的园林实践中仍被津津乐道；"现代性"也不并不一定意味着"当下"——许多我们现今奉之为圭臬的园林设计理念，在造园"传统"中早已有迹可循。因此，对于园林设计而言，"传统"和"现代性"不宜简单归结为一种设计目标或设计风格。

（2）"意境"理念的丰富

由于我国古代文人造园风气的极大盛行，文学创作中对于"意境"的追求就自然地被带入了造园实践中，可以说，正是这种难以名状的"意境"，使得传统园林优于其他地区景观的营造，显得与众不同，卓尔不群。然而对于现代人来说，古籍中吉光片羽的对意境的表达难以捉摸和加以运用。有鉴于此，就需要用现代语言来表述传统园林中的"意境"，对此，本书作者们近年来在此方面的相关研究值得参考。

随着时代的发展，园林意境中除了隐藏的文化性寓意和象征，人的需求也应作为园林意境营造的重要参考依据，揭示人对园林环境的本质要求，从而探索多元化的意境。因此，园林意境营造可从内外因素着手，从人的需求角度和文化角度进行研究，分别从生理需求、安全需求、归属需求、尊重需求、自我实现需求，以及诗格、画理、典故、风俗、道德、宗教这十一个方面加以剖析。

（3）园林材料创新技术

丰富的园林工程材料使得园林内容更加多样化，我国传统园林中所采用的秦砖汉瓦等材料，将我国古典韵味体现得淋漓尽致。现代社会，车水马龙的城市里，园林既要能满足城市人群的使用需求，又能体现中国园林之美。基于这样的一种城市环境，加之生态造园理念的快速发展，诞生了很多新的材料，以满足现代园林需求。例如，VR 虚拟景观、透水砖、太阳能路灯等，在未来专业发展中，还将有多种多样的新型材料及技术出现，这些新型材料和技术的使用，对风景园林发展起着强而有力的推进作用。在新型材料和传统园林理念、设计手法相结合中，不断优化园林技术手法。

在传承明清杭州园林文化的同时，也要发扬园林传统施工技术，善于利用传统材料与传统工艺。优良的传统工艺有助于保存人们对于历史文化的记忆。例如铺装、石雕、木雕、假山堆叠等技术，这些技术在现在园林建设中大多被机器所代替，往往少了人工艺术创作的神韵，所以要将其传承和发扬。

总之，伴随着科学技术的进步以及信息化、全球经济一体化等全球性趋势的不断发展，很多领域都出现了文化趋同现象。这一现象既有积极的一面，也有消极的影响。作为风景园林从事人员，要辩证地看待这个问题，要学会在立足于地域文化特色的基础上，去保护、发展、传承、创新，做到"传统与现代""地域与国际"相融合，进而满足人们日益多样化的审美、归属、生态等功能需求，才能让杭州园林在国际上独树一帜、屹立不倒！

第三节　继承传统，推进杭州特色园林建设

杭州素以风景优美、环境宜人著称。近年来，杭州坚持"生态优先、保护第一"的发展理念，紧紧围绕"环境立市""生态立市""美丽杭州"建设战略，将城市园林绿化和生态环境建设作为政府重点工作。2016 年，借助召开 G20 峰会的契机，

杭州园林绿化水平在原有基础上有了较大幅度的提升，新增城区绿化450万平方米、屋顶绿化6万平方米，建设4000平方米以上公园绿地30处；开展平原绿化1.3万亩、"四边"绿化220公里，着力打造绿树成荫、春花秋叶的城乡宜居环境，四季分明、林相丰富的森林景观绿道。截至2016年底，杭州市城区绿地201.5平方公里，4000平方米以上公园绿地780处、面积达8091.6万平方米，绿地率、绿化覆盖率、人均公园绿地面积分别达到37.2%、40.7%、14.4平方米，位列全国前列。《2017年杭州市城区绿化工作意见》中，要求进一步巩固提升G20峰会美化彩化成果，加快园林绿化事业持续健康发展，积极助推城市国际化建设。2017年11月，杭州被住建部正式命名并授牌"国家生态园林城市"，园林建设得到国家认可。

一、杭州建设世界名城必须重视园林建设

随着高水平全面建成小康社会步伐的持续推进，杭州市民对园林建设的需求也日益提高，各类园林建设越来越受到党和国家的重视。十九大报告中指出，要加快生态文明体制改革，建设"美丽中国"；浙江省第十四次党代会提出全面推进"大湾区""大都市区""大通道""大花园"建设；杭州市提出要全面提升城市国际化水平，加快建设独特韵味别样精彩的世界名城。从国家到地方的决策部署，都与园林建设休戚相关。

首先，城市园林建设对生态系统保持平衡有着至关重要的作用，利用绿色植物特有的生态功能，可以减轻空气污染、防尘杀菌、降温增湿、调节小气候、减弱噪声、防止沙尘等。其次，园林建设对推动城市可持续发展有着至关重要的作用，园林绿化可以最大限度地提高绿地率和绿视率，改善城市人居环境，实现人与自然和谐相处。再次，富有特色的园林对提升城市知名度和提高民生感受有着至关重要的作用，好的园林环境能够成为吸引国际友人来杭参观发展的要素之一，营造良好的城市环境也能提升市民的归属感和幸福感。

杭州要实施拥江发展战略，着力打造具有全球影响力的"互联网+"创新创业中心、打造国际会议目的地城市、打造国际重要的旅游休闲中心、打造东方文化国际交流重要城市等，都离不开各类园林建设的支撑。必须从推进绿色发展、循环发展、低碳发展入手，围绕"以人为本，人人参与，全民共享"的城市园林绿化建设思路，打造总量适宜、分布合理、植物多样、景观优美的城市园林系统，以进一步优化城市生态环境，提高市民生活质量。

二、杭州园林建设存在的问题

1. 规划设计上的问题

（1）杭派园林印记不浓

杭州园林绿化拥有得天独厚的历史文化内涵，西湖风景、运河文化、钱塘江

风光等都能作为独当一面的生态园林符号，形成了独特的杭派园林特点和风格，是杭州的宝贵资源。但近年来，新的景观作品中杭派园林韵味体现不足，历史印记和文化内涵没有得到充分的彰显和展示。

（2）园林绿地分布不均

随着城市的扩建和战略中心的转移，新城新区成为城市园林建设的焦点，老城区绿地规划和建设不多，新旧面貌存在差异。

（3）关系融合不够协调

有的景观建设过分追求"立地成景"的绿化效果，而忽视了协调植物种类、周边环境等要素关系。有的园林景观仅注重观赏性，忽视了参与性和体验性，没有完全满足市民对于游憩、休闲、生态等多样化功能的需求。

2. 建设管理上的问题

（1）重建设轻管理

有的园林工程工期受到限制，建设速度过快，往往只求工程尽快上马、建成，对后期管理考虑不足，造成后期养护困难。

（2）后期养护成本偏高

有的工程片面追求"高大上"，没有因地制宜、量入为出、长远考虑，造成园林绿化项目后期管护成本偏高。

三、进一步加强杭州特色园林建设的建议

1. 做好杭派园林的传承和发展

杭州地域性文化挖掘是杭派园林建设风格所在，不仅使园林更具地域特点和地方特色，这样的园林辨识度更高，甚至可以打造出一道道亮丽的风景线，成为杭州新时代的新地标。

建议做好做深杭派园林研究，梳理形成杭州园林的特点、风格和标签，打造杭州园林金名片。要从传统园林文化的角度进行思考，挖掘更深层次的杭州地域文化内涵，将西湖、钱塘江、大运河、南宋等杭州特色历史文化元素融汇到城市绿地系统、园林景观设施等生态园林景观形象之中，从而赋予城市景观以深层的文化含义。在对历史的继承中创新发展，在对元素的搭建中传承精神，打造具有时代特点、杭州特色的园林城市形象识别系统，这是我市园林建设地域化发展的精髓。

2. 做好园林的规划和设计

目前，杭州城市结构功能布局不尽合理，旧城区人口密度与建筑密度过大，老城区绿化覆盖率偏低。建议通过调整和优化城市用地规划，坚持"组团发展、

廊道相连、生态隔离、宜居田园"的理念,做好园林的规划和设计。一要做好融合,将城市园林建设巧妙地融合到城市国际化建设中,将园林绿化建设内容融入到各建设项目中,融入到日常工作进程中,避免出现"重复施工、反复改造"现象。二要完善制度,建立健全城市园林绿化管理、建设管理、养护管理、城市生态保护、生物多样性保护、古树名木保护、义务植树等城市园林绿化法规、标准、制度。三要科学安排,坚持政府组织、群众参与、统一规划、因地制宜、讲求实效的原则,科学安排绿化布局,加强科学规划设计,均衡城市绿地分布,特别针对杭州园林建设现状,大力发展屋顶绿化、高架绿化等垂直绿化,同时重视受污染水体、土地等的生态修复,为城市发展提供良好的设施支撑。

3. 做好园林技术的优化创新

要鼓励技术创新。充分发挥杭州园林产业强市的优势,加强"产学研"紧密结合,建立以企业为主体、市场为导向、"产学研"相结合的技术创新体系,以提升我市园林产业的核心竞争力。一要加强园林建设相关技术研究,通过开展低碳园林、近自然园林、节约型园林技术研究,寻求以最少的人力、资源、资金和能源投入,获取最大的生态、环境和社会效益。二要加强智慧园林技术研究,杭州不仅是全球最大的移动支付之城,也是"新型智慧城市"的标杆,我们要积极运用"互联网+"思维和物联网、大数据、云计算、移动互联网、信息智能终端等新一代信息技术,与现代园林相融合,建立智慧园林大数据库,把人与自然用智慧的方式联结起来,达到人与自然的互感、互知、互动。

4. 增强园林景观体验性和参与度

园林景观作为一座城市的标志已不仅仅是观赏性和实用性,人的参与性和体验性越来越受到重视。人作为活动主体,参与到景观中,景观才是活的。园林建设的不仅是场所、物体,首先是一种确定的用途或体验,其次才是形式和质量。优秀的园林景观设施可以巧妙地将功能和美好体验融为一体,同时又能注重园林的文化性和地域性。因此,对于园林景观设施的完善在注重"量"的同时,更应注重"质"的提升,让设施的功用和趣味能够更好融合,体验性和参与性要成为园林建设一个重要的原则和指标。

5. 完善园林建设投资主体和模式

目前杭州园林建设投资主体还比较单一,仍以政府投资为主,社会多元化投资机制还没有较好地形成,社会绿化的贡献小。建议建立"政府主导、政策保障、财税支持、资金保证"的园林绿化投融资体制。采取政府投入为主,银行贷款、引进资金、土地出让、共同开发、企业自筹等为辅的多种筹资渠道,采取EPC、PPP等形式,加大社会投入力度。政府园林绿化专项资金主要用于重点绿化项目和示范工程建设,引导社会资金建绿。这样既可以鼓励社会资金参与生态园林建设,也能缓减政府财政压力,保证杭州园林建设可持续发展。

参考文献

一、古籍

（汉）司马迁 . 史记 [M]. 西安：陕西旅游出版社，2003.

（北魏）郦道元 . 水经注 [M]. 北京：光明日报出版社，2014.

（宋）郭熙 . 林泉高致 [M]. 南京：江苏文艺出版社，2015.

（宋）潜说友 . 咸淳临安志 [M]. 杭州：浙江古籍出版社，2012.

（宋）吴自牧 . 梦粱录 [M]. 扬州：广陵书社，2003.

（明）陈继儒 . 太平清话 [M]. 北京：中华书局，1985.

（明）陈继儒 . 岩栖幽事 [M]. 济南：齐鲁书社，1995.

（明）陈眉公 . 小窗幽记 [M]. 郑州：中州古籍出版社，2008.

（明）陈让 . 成化·杭州府志 [M]. 台湾：成文出版社，1983.

（明）陈善修 . 万历·杭州府志 [M]. 台湾：成文出版社，1983.

（明）冯梦祯 . 快雪堂日记 [M]. 南京：凤凰出版社，2010.

（明）高濂 . 遵生八笺 [M]. 北京：中国医药科技出版社，2011.

（明）何良俊 . 四友斋丛说 [M]. 上海：上海古籍出版社，2012.

（明）计成；李世葵，刘金鹏 . 园冶 [M]. 北京：中华书局，2011.

（明）季婴 . 西湖手镜 [G]// 王国平主编 . 西湖文献集成第 3 册 . 杭州：杭州出版社，2004.

（明）林有麟 . 素园石谱 [M]. 扬州：广陵书社，2006.

（明）陆揖 . 蒹葭堂杂著摘抄 [M]. 北京：中华书局，1985.

（明）陆容 . 菽园杂记 [M]. 北京：中华书局，1985.

（明）聂心汤 . 万历·钱塘县志 [M]. 台湾：成文出版社，1975.

（明）田汝成 . 西湖游览志 [M]. 北京：东方出版社，2012.

（明）田汝成 . 西湖游览志馀 [M]. 北京：东方出版社，2012.

（明）文震亨 . 长物志 [M]. 南京：江苏文艺出版社，2015.

（明）俞思冲 . 西湖志类钞 [G]// 王国平主编 . 西湖文献集成第 3 册 . 杭州：杭州出版社，2004.

（明）张岱 . 琅嬛文集 [M]. 北京：紫禁城出版社，2012.

（明）张岱 . 西湖梦寻 [M]. 杭州：浙江文艺出版社，1984.

（明）张瀚 . 松窗梦语 [M]. 北京：中华书局，1985.

（清）陈淏子 . 花镜 [M]. 杭州：浙江人民美术出版社，2015.

（清）丁丙 . 武林坊巷志 [M]. 杭州：浙江古籍出版社，2018.

（清）高晋等绘；张维明选编 . 南巡盛典名胜图录 [M]. 苏州：古吴轩出版社，1999.

（清）管庭芬 . 天竺山志 [M]. 杭州：杭州出版社，2007.

（清）纪昀总.四库全书总目提要 [M].石家庄：河北人民出版社，2000.

（清）李斗.扬州画舫录 [M].北京：中国画报出版社，2014.

（清）李卫修.西湖志 [G]// 王国平主编.西湖文献集成第 4-6 册.杭州：杭州出版社，2004.

（清）李渔.闲情偶寄 [M].重庆：重庆山版社，2000.

（清）厉鹗.东城杂记 [M].北京：中华书局，1985.

（清）厉鹗.增修云林寺志 [M].杭州：杭州出版社，2006.

（清）梁章钜.浪迹丛谈续谈三谈 [M].北京：中华书局，1981.

（清）马如龙.康熙·杭州府志 [M].北京：国家图书馆出版社，2011.

（清）钱泳.履园丛话 [M].西安：陕西人民出版社，1998.

（清）沈德潜.西湖志纂 [M].台湾：文海出版社，1971.

（清）沈翼机.浙江通志·清雍正朝 [M].北京：中华书局出版社，2001.

（清）孙树礼.文澜阁志 [M].扬州：广陵书社，2006.

（清）孙治初.武林灵隐寺志 [M].杭州：杭州出版社，2006.

（清）吴树虚.大昭庆律寺志 [M].杭州：杭州出版社，2007.

（清）许瑶光.谈浙四卷 [M].清光绪十四年（1888）刻本.

（清）翟灏.湖山便览 [G]// 王国平主编.西湖文献集成第 8 册.杭州：杭州出版社，2004.

（清）赵翼.廿二史札记 [M].北京：中华书局，2008.

（清）郑沄.乾隆·杭州府志 [M].北京：中华书局，2009.

（清）卓炳森.玉皇山庙志 [G]// 王国平主编.西湖文献集成第 25 册.杭州：杭州出版社，2004.

明官修.明实录 [M].北京：中华书局，2016.

清官修.清会典 [M].北京：中华书局，1991.

[意] 马可·波罗.马可·波罗游记 [M].西安：陕西人民出版社，2012.

二、现代著作

《杭州市地图集》编辑部.杭州市地图集 [M].北京：中国地图出版社，(2010.A

安怀起编著，孙骊译.杭州园林 [M].上海：同济大学出版社，2009.

曹林娣.江南园林史论 [M].上海：上海古籍出版社，2015.

程维荣.中国园林美学思想史·清代卷 [M].上海：同济大学出版社，2015.

杜书瀛.李渔美学思想研究 [M].北京：中国社会科学出版社，1998.

方利强，麻欣瑶，陈波等.浙派园林论 [M].北京：中国电力出版社，2018.

葛剑雄.中国人口史 [M].上海：复旦大学出版社，2005.

顾凯.明代江南园林研究 [M].南京：东南大学出版社，2010.

顾志兴.文澜阁与四库全书 [M].杭州：杭州出版社，2004.

杭州市政协文史资料委员会，杭州文史研究会编.明代杭州研究·上 [M].杭州：杭州出版社，2009.

杭州市政协文史资料委员会，杭州文史研究会编.明代杭州研究·下 [M].杭州：杭州出版社，2009.

胡祥翰.西湖新志 [M].杭州：浙江人民出版社，2017.

孔令宏，韩松涛.民国杭州道教 [M].杭州：杭州出版社，2013.

来裕恂.杭州玉皇山志 [G]// 王国平主编.西湖文献集成第 21 册.杭州：杭州出版社，2004.

冷晓.杭州佛教史 [M].香港：百通（香港）出版社，2001.

冷晓.康熙、乾隆两帝与西湖 [M].杭州：杭州出版社，2005.

冷晓.灵隐寺 [M].杭州：杭州出版社，2004.

李娜.《湖山胜概》与晚明文人艺术趣味研究 [M].杭州：中国美术学院出版社，2013.

林正秋.杭州古代城市史 [M].杭州：浙江人民出版社，2011.

刘毅.明史 [M].北京：北京燕山出版社，2010.

马晓春.杭州书院史 [M].北京：中国社会科学出版社，2015.

梦华.图解国学知识 [M].北京：中国华侨出版社，2017.

邵群 . 万松书院 [M]. 长沙：湖南大学出版社，2014.

施奠东 . 西湖游览志 [M]. 上海：上海古籍出版，1998.

施奠东 . 西湖游览志馀 [M]. 上海：上海古籍出版，1998.

施奠东 . 清波小志 [M]. 上海：上海古籍出版，1998.

施奠东 . 湖山便览 [M]. 上海：上海古籍出版，1998.

施奠东 . 四时幽赏录 [M]. 上海：上海古籍出版，1998.

孙跃 . 西湖的历史星空 [M]. 杭州：浙江大学出版社，2012.

谭其骧 . 中国历史地图集 [M]. 北京：中国地图出版社，1982.

唐宇力 . 六和塔 [M]. 杭州：杭州出版社，2008.

唐宇力 . 西湖名园 • 郭庄造园手法分析 [M]. 北京：文物出版社，2016.

童寯 . 江南园林志 [M]. 北京：中国建筑工业出版社，1984.

翁卫军 . 杭州简史 [M]. 杭州：杭州出版社，2016.

吴汝祚，徐吉军 . 良渚文化兴衰史 [M]. 北京：社会科学文献出版社，2009.

夏咸淳 . 中国园林美学思想史 • 明 M]. 上海：同济大学出版社，2015.

项文惠辑录 . 明清实录 • 杭州史料辑录 [M]. 杭州：杭州出版社，2012.

张建庭 . 碧波盈盈：杭州西湖水域的综合保护与整治 [M]. 杭州：杭州出版社，2003.

赵尔巽 . 清史稿 [M]. 北京：中华书局，1977.

钟毓龙 . 说杭州 [G]// 王国平 . 西湖文献集成第 11 册 . 杭州：杭州出版社，2004.

周峰 . 南北朝杭州 [M]. 杭州：浙江人民出版社，1992.

周峰 . 南宋京城杭州 [M]. 杭州：浙江人民出版社，1988.

周峰 . 隋唐名郡杭州 [M]. 杭州：浙江人民出版社，1990.

周峰 . 吴越首府杭州 及北宋东南第一州 [M]. 杭州：浙江人民出版社，1988.

周峰 . 元明清名城杭州 [M]. 杭州：浙江人民出版社，1990.

周维权 . 中国古典园林史 • 第 3 版 [M]. 北京：清华大学出版社，2008.

三、硕博论文

鲍沁星 . 杭州自南宋以来的园林传统理法研究 [D]. 北京：北京林业大学，2012.

陈江 . 明代中后期的江南社会与社会生活 [D]. 上海：华东师范大学，2003.

陈媛媛 . 王阳明心学之道德主体性研究 [D]. 保定：河北大学，2014.

程小丽 . 清代浙江举人研究 [D]. 上海：华东师范大学，2009.

高伟军 . 佛教中国化视野下的杭州灵隐寺——以明清时期为例 [D]. 武汉：华中师范大学，2012.

高杨 . 西方园林艺术对近现代杭州公园的影响 [D]. 杭州：浙江农林大学，2012.

韩金佑 . 张岱年谱 [D]. 保定：河北大学，2014.

胡锐 . 道教宫观文化研究 [D]. 成都：四川大学，2003.

李功成 . 杭州西湖园林变迁研究 [D]. 南京：南京林业大学，2006.

李竞艳 . 晚明士人群体研究 [D]. 开封：河南大学，2011.

刘华彬 . 西湖风景建筑与山水格局研究 [D]. 杭州：浙江农林大学，2010.

刘梦笔 . 西湖近现代别墅庭园景观设计研究 (1840-1949)[D]. 杭州：浙江农林大学，2012.

刘泉 .《西湖十景图册》考析 [D]. 北京：中央民族大学，2005.

刘舒甜 . 张岱《陶庵梦忆》与晚明文人审美风尚研究 [D]. 杭州：中国美术学院，2010.

孙迪 . 中国传统园林植物构成的文化社会学解读 [D]. 哈尔滨：东北林业大学，2006.

田文萍 . 晚明士人旅游活动研究——以游记为例 [D]. 成都：四川师范大学，2011.

王红春 . 明代浙江举人研究 [D]. 上海：华东师范大学，2007.

王瑛 . 杭州西湖风景区山地园林历史变迁及理景艺术研究 [D]. 杭州：浙江农林大学，2011.

魏彩霞 . 杭州市寺观园林研究 [D]. 杭州：浙江农林大学，2012.

吴非 .《遵生八笺》养生思想研究 [D]. 北京：中国中医科学院，2007.

谢旭静 . 杭州西湖郭庄园林艺术特点分析 [D]. 杭州：杭州师范大学，2013.

谢云霞 . 晚明江南文人的园林设计美学思想研究 [D]. 长春：吉林大学，2015.

薛晓飞 . 论中国风景园林设计 "借景" 理法 [D]. 北京：北京林业大学，2007.

俞祎晨 . 基于西湖文化景观特色的植物文化与景观研究 [D]. 杭州：浙江大学，2015.

苑朋淼 . 西湖历史文脉在现代风景区中的传承与演变 [D]. 北京：北京林业大学，2010.

张倍倍 . 杭州万松书院植物景观研究 [D]. 杭州：浙江农林大学，2011.

张君 . 张岱史学研究 [D]. 昆明：云南师范大学，2014.

张稀 . 论明初立法中的刑用重典思想 [D]. 成都：西南财经大学，2014.

赵熙春 . 明代园林研究 [D]. 天津：天津大学，2003.

朱静宜 . 西湖寺观园林公共性研究 [D]. 杭州：浙江大学，2013.

四、期刊论文

陈学文 . 明代杭州城市经济的发展及其特色 [J]. 浙江学刊，1982(2)：32-38.

陈学文 . 明清时期的杭州商业经济 [J]. 浙江学刊，1988(6)：42-48+62.

杜书瀛 . 论李渔的园林美学思想 [J]. 陕西师范大学学报（哲学社会科学版），2010(2)：87-95.

高松年 . "浙派" 绘画的渊源和发展 [J]. 浙江艺术职业学院学报，2016，14(1)：106-111.

郭文仪 . 明清之际遗民梦想花园的构建及意义 [J]. 文学遗产，2012(4)：112-121.

何新明 . 西方园林对中国园林的影响 [J]. 北京农业，2011(30)：22-23.

李秋明，麻欣瑶，陈波 . 杭州湖山春社园林营造研究 [J]. 浙江农业科学，2018，59(08)：1388-1393+1402.

李永红，林阅春 . 杭州万松书院复建工程规划设计 [J]. 中国园林，2003，19(4)：30-32.

林正秋 . 明代杭州的资本主义萌芽与市民斗争 [J]. 杭州师范大学学报（社会科学版），1980(2)：55-58.

麻欣瑶，卢山，陈波 . 浙江传统园林研究现状及展望 [J]. 中国园林，2017，33(2)：93-98.

麻欣瑶，陈波 . 清初孤山园林与自然山水关系研究 [J]. 中国园林，2018，34(05)：140-144.

麻欣瑶，卢山，陈波 . "蔚然深秀秀而娟，宛识名园小有天" 杭州小有天园园林艺术探析 [J]. 风景园林，2016(02)：109-113.

邵锋，宁惠娟，包志毅，等 . 明朝陈淏子《花镜》中的植物及其造景研究 [J]. 沈阳农业大学学报（社会科学版），2011，13(6)：739-742.

童赛玲 . 明末清初江南园林的发展及其美学思想 [J]. 新美术，1994(4)：26-31.

王健 . 明清以来杭州进香史初探——以上天竺为中心 [J]. 史林，2012(4)：92-100+193.

王世光 . 程朱理学道统论的终结 [J]. 天津社会科学，2001(2)：107-111.

吴振华 . 明清时期杭州西湖香市贸易 [J]. 商业经济与管理，1984(2)：59-63.

岳毅平 . 李渔的园林美学思想探析 [J]. 学术界，2004(6)：218-222.

张则桐 . 张岱《家传·张汝霖传》笺证——张汝霖事迹辑考 [J]. 中国典籍与文化，2005(1)：74-80.

赵杏根 . 论浙派诗人厉鹗 [J]. 文学遗产，2000(3)：77-84.

郑淼，郭毅，乔鑫 . 杭州郭庄园林艺术赏析 [J]. 中国园林，2010，26(11)：97-100.

朱铁梅，马琳萍 . 明代中前期程朱理学、八股文与文学创作的关系 [J]. 河北学刊，2007，27(4)：140-142.